见识城邦

更新知识地图　拓展认知边界

Jeremy J. Baumberg

THE SECRET LIFE OF SCIENCE

How It Really Works and Why It Matters

科学的隐忧

科学是如何工作与共享的

［英］杰里米·鲍伯戈 著
汪婕舒 译

中信出版集团 | 北京

图书在版编目（CIP）数据

科学的隐忧 / (英) 杰里米·鲍伯戈著；汪婕舒译
. -- 北京：中信出版社, 2021.1
书名原文: The Secret Life of Science
ISBN 978-7-5217-2454-7

Ⅰ. ①科… Ⅱ. ①杰… ②汪… Ⅲ. ①科学学②未来
学 Ⅳ. ①G30

中国版本图书馆CIP数据核字(2020)第223566号

The Secret Life of Science
By Jeremy J. Baumberg

科学的隐忧

著　　者：[英] 杰里米·鲍伯戈
译　　者：汪婕舒
出版发行：中信出版集团股份有限公司
（北京市朝阳区惠新东街甲 4 号富盛大厦 2 座　邮编　100029）
承 印 者：北京通州皇家印刷厂

开　　本：787mm × 1092mm　1/16　　印　　张：18　　字　　数：240 千字
版　　次：2021 年 1 月第 1 版　　印　　次：2021 年 1 月第 1 次印刷
京权图字：01−2020−0245
书　　号：ISBN 978−7−5217−2454−7
定　　价：78.00 元

献给我的妻子和女儿们，

她们将爱与科学融合为一

目 录

致　谢

从诸多方面看，我都是一名资金充足、功成名就的科学家。而立之年，我成了一名教授；45 岁前，我成为英国皇家学会会员。但我并不是一名社会科学家，所以写这本书对我的人生来说算是“另辟蹊径”。它的灵感最初来源于 2012 年，当时我正在西班牙北部巴斯克自治区的圣塞瓦斯蒂安市进行学术休假。每天早上，我都会将我的所有科研任务、行政工作以及接待我的东道主抛诸脑后，坐下来思考一些关于我自己身处的这个系统的问题，试图找到答案。我的职业生涯在科学家中有些与众不同，我不仅经历了几种不同的文化（美国、日本、西班牙和英国），还在产业界浸淫颇久（IBM、日立和几家衍生公司）。可能正因如此，我才开始思考我身处的这个系统的组成以及它的来龙去脉。但是，我提出的许多问题都缺乏令人满意的答案，特别是为什么我每天接触的科学家会以某些特定的方式行事。本书的一部分内容就是为了探讨这个问题。

促使我写这本书的，还有另一个动机，那就是多年来我对大多数人关于“科学如何运转”和“科学家应做何事”的固有观点感到不安。这很自然，因为那些人的观点都是由其惯常阅读的科技文章灌输到脑中的。我的经历告诉我，即使是科学家也极少分享他们生活中隐藏的一面，然而，正是那隐藏的一面才蕴含着关于“科学如何运转”的秘密。科学生态系统中有许多既得利益者，理解这一点能帮助我们理解他们之间是如何互相促进又互相冲突的。

然而，这本书并不是反科学的。在许多国家（比如美国），一些人质疑科学的基本目的和方法，以避免它获得权威，从而削弱其他势力。我坚信，科学的进程是极其稳固的，科学是对未来社会的绝好投资，是至善的。当然，这也正是我选择成为科学家的原因。但这并不能成为我避而不谈“科学如何运转与发展”这些问题的借口。我希望此处的讨论可以让任何与科学有所接触的人产生兴趣——无论是科普读者、科普作者、科学赞助者（也就是我们所有人）还是公务员、政客，甚至是那些对科学在我们生活中的地位心存疑虑的人——哪怕这种接触是微乎其微的。在过去几年中，所有同我讨论过本书主题的科学家都要求阅读我的研究结果，因为这让他们意识到，他们也对自己身处的这个系统知之甚少——希望我不会让那些科学家失望。

这一路上，我得到了许多人的支持。我所工作的部门——剑桥大学多纳斯蒂亚国际物理中心、位于圣塞瓦斯蒂安的西班牙国家研究委员会以及剑桥大学耶稣学院为我提供了各种各样的资源，包括安静的思考空间，这简直是一份罕见的厚礼。我的研究团队、全校众多年轻科学家和行政人员以及我的同事都踊跃参与，并给了我很多建议。一些读者给了我很棒的反馈，特别是克里斯托夫·费夫尔、罗布·芬德利、查利·康斯特布尔、西蒙·谢弗、理查德·琼斯等人，他们付出了宝贵的时间和精力来参与讨论。我还要衷心感谢英格丽德·格纳利希等普林斯顿大学出版社的工作人员。我的学生赵其斌为本书中文版提供了修改意见。我必须要说明，除我之外，任何人无须对本书的内容负责，它们全部来自我的个人观点。最后，我要感谢我的妻子和孩子给予我无私的鼓励，允许我为了写这本书而减少和他们在一起的时间。这本书是献给他们的礼物，因为他们让我的科学生涯充满生机，丰富而圆满。

第 1 章

质问科学

科学能做什么？

我们为什么要进行科学研究？当我还是个青少年时，我认为这个问题的答案是天经地义的，那就是为了探索世界。古往今来，我们始终不断地探索着地球的山巅与深谷、森林与平原，同时，我们吵嚷着要去探索其他行星和彗星。而如今，我从事科学研究，才明白这个答案是远远不够的。它无法解释为什么我们不仅自己在学校里被逼着学科学，还要逼着我们的孩子学科学；也无法解释为什么我们要在科学上斥巨资，并将希望寄托在科学之上。探险家总是少之又少，而现如今，科学家的数量却日益增加，十分庞大。

“既然排干沼泽能阻止蚊子繁殖，为什么这么做是错误的呢？”一天早晨，我女儿在吃早饭时问我这个问题。如今，只要在网络上迅速搜索一下，很快就能知道人们在这个问题上累积了多少科学知识。我们在网上读了一些研究，它们总结了为什么排干沼泽不管从长期还是短期来看都利弊兼有，以及为什么自然周期的每个环节都与其他众多环节紧密相连，因此无法进行简单的预测。每问一个“为什么”，都像打开了一排俄罗斯套娃，它们一个一个排列起来可以一直连到天边；

即便如此，最小的“套娃”依然可以继续被打开，揭露出更加隐蔽的信息，而每一小片信息背后都藏着长达几十年砥志研思的科学探索。

我们总用理所当然的态度来对待科学。比方说，我们认为科学家总是无处不在；他们的传承生生不息、永不消逝；科学从来不会走进死胡同……我们总是假定，科学总会不断产生奇迹，不断拓展人类的体验，深入想象的疆域。但是，我们如何判断科学的状态是否良好呢？你用很多方式为科学买单，但是你是否真的关心科学？你是否切身滋养科学的发展？别人向你提供了哪些科学？它们又属于广阔的科学天地中的哪一支山脉？

我们的社会早就发现，科学具有强大的激励作用。它震撼我们，挑战我们，创造出具有远见卓识的雄心；它那多巴胺催动的诱惑力对热爱惊喜的人类大脑来说是一针强心剂。我们信任那些经得起批评与时间的无情鞭挞的科学成果。我们对这一点信心如此充足，以至于我们相信，如果宇宙中的其他地方出现拥有自我意识的文明，他们也一定会认同我们建立起来的科学原则。然而，那些拥有自我意识的外星文明学习科学的方式很可能会让我们困惑不解。我们创造出来的科学系统并不是必然发生的定局。古代人类文明没有建立专门探索自然世界的正式机构，相反，这部分事业只留给了少数具有好奇心的人，这些人在他们身处的小社会中挖开了一方暂时安全的天地。而如今，世界各地都建立起了正式的机构（比如大学），促进学习和有组织的讨论，这是现代社会中一个少有人意识到的奇迹。

科学究竟能做什么？这多半是由我们的文化而非科学的客观真理所决定的。科学有一个基本要求，那就是“可重复性”和“可测试性”。这意味着，在科学思想所组成的纵横交错的网络中，如果存在任何裂缝或者缺陷，几乎都能很快被察觉到。但是，由于资源有限，我们最终决定在这个无限的空间中探索什么问题，却并非不言而喻。

站在局外人的角度来观察科学事业，你可能会认为“科学能做什么”是由领导者们协商而定，或者是由某种对冷静观察各个科学子领域的人来说显而易见的方向所指引的。我与公众焦点小组的讨论经常让他们相信，“一定有什么人在引导着整个科学的进程”。但个中事实往往更加复杂，十分类似于我们对经济的操控——不管我们多么努力，经济形势总是饱受必然趋势、权威和社会互动所导致的景气周期的影响 。无论在什么国家，几乎都不太可能确定到底是谁在决定开展哪些科学研究。相反，大多数国家都是依靠竞争来选择和资助“最好的”科学。

在追寻我身处的这个网络的问题的过程中，我越来越着迷于思考我做这些事情背后的原因，并惊讶于这番探索将带来怎样行之有效的改变。这本书试图解释究竟是什么因素影响了科学做什么，以及为什么这个问题很重要。要回答这个问题，就必须去探索与这个问题相关的所有人，而不仅仅是科学研究者的动机。我会阐明我的观点，那就是——将整个“科学生态系统”纳入考虑范围之内有助于思考这个问题。在自然界中，“生态系统”的概念能帮助我们理解自然世界的各个部分如何通过同时协调众多生物之间的关系而达到均衡状态。科学系统的行为也像自然界一样，其各个组成部分就像相互关联的生物。激烈的竞争无处不在，不仅存在于科学家之间，还存在于发表研究成果的学术期刊、提供研究场所的高校、报纸、政府、学科领域和其他许多竞争者之间。竞争总是青睐有利于生存的技能。由此产生的科学生态系统因而也具备了自己的个性和气质，而这些个性和气质又引领科学走向一个人人都渴望占有一席之地的未来。

这本书建立在我个人的探索之上，叩问同时困扰着科学家和非科学家的问题。这些问题是如此鲜为人知，这令我震惊。尽管身为一名身体力行的科学家有助于我探索这个问题，但这个身份对理解此间涌现的故事并不是必需的。在故事的讲述过程中，我们或许可以真正理解一个问题，那就是我们的社会究竟想要科学家做什么（如图 1–1 所示）。

在开始筹划这本书涉及的领域时，我意识到一个问题：我遍寻不着对“科学究竟如何运转”的描述。这片领域是如此复杂有趣、彼此相连。然而，它也理应影响我们解读科学发现、科学愿景、科学经费与科学抱负的方式。我所提出的很多问题其实已经有科学家进行过广泛的讨论，你可以在博客和信件页面上找到相关的只言片语。然而，每一个

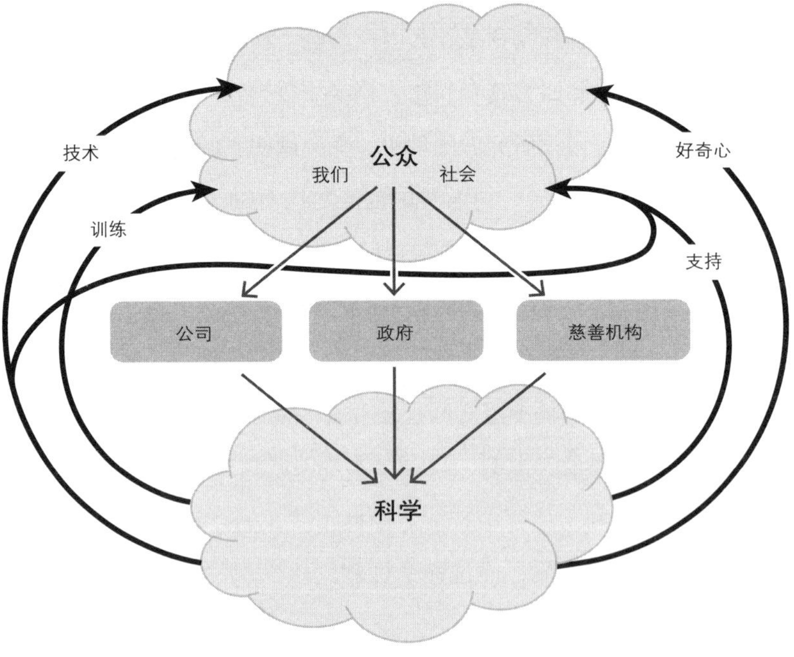

图 1–1 科学的“讨价还价”

小小的探讨与辩论组合在一起，却传递出一种广泛存在的挫败感——我能从科学家身上体会到这种挫败感，那是一种被困在一个无法施展创造力的系统中的焦虑。更糟的是，他们觉得自己根本没有能力改变这个系统，因为这个系统的每个齿轮都啮合得如此贴切吻合、精细完美，牵一发必然动全身，不可能进行一项独立而不影响其他部分的改变。因此，这本书还有一个目的就是促进和恢复平衡：让非科学家对他们的资金的使用重获一些理解力和控制力；与此同时，让科学家也对如何使用那些资金重获一些理解力和控制力。

我们为什么要关心这个问题？

我们为科学买单。科学为我们提供了极具诱惑力的礼物，但有时候我们又对它们的后果或伦理深感不安。科学将构建我们的未来、我们子孙的未来以及地球上所有人类的遥远未来。平均来看，我们每个人每年只花几百美元来支持科学，这并不是一笔很大的开销，开车闲逛烧掉的油钱也比这个多。但这是我们对人类共同的未来所做的最好的投资之一，它的回报比我们的存款在其他任何地方所获得的回报都多得多。这笔投资究竟是如何以我们的名义花出去的呢？这是一件非常古怪的事情，也是本书要讲的另一个故事。社会财富的增加孕育了一个新的生态系统，使其生息发展；这个系统与社会各界的广泛势力绝缘，但又饱受它们的冲击。同时，科学本身就来自这个社会，并在其中汇聚沉淀，开疆辟土。

我计划将这本书写成一篇纵览报告。我会聚焦在科学系统的不同部分，以便分析那些重叠的“影响圈”如何交织在一起，从而创造出科学的生态系统。首先，我要探索科学本身，试图向你展示科学家是如何在两个相互依赖的角色之间分身的。同时，我会讨论将科学视为一个生态系统是否真的切合实际，以及这种观点如何启发我们对科学提出一系列问题。为了夯实讨论的基础，我将在第 3 章中通过探讨过去半个世纪以来科学家认为什么是最重要的事情，从而探寻从事科学研究的动机。为了描绘出影响链，我将在接下来的三章中讨论科学家如何向世人呈现他们发现的新知识，如何从彼此那里获取新知识，以及社会各界如何通过媒体获取这些知识。这将展现出一个信息流，它将科学家自身的不同知识领域、人以及媒体联结在一起。在第 7 章，我将介绍什么资源会进入科学界，以及谁控制着这些资金的流向。那么，让这一切发生的那些人又是如何被这个过程影响和塑造的呢？我将在第 8 章探讨这个问题，从而完善那个关于重叠的“影响圈”以及它们之间的种种竞争的纵览。在第 9 章，我会将之前的所有讨论结合起来，探讨科学这片疆土如何演化成了今天的模样。接着，我将在最后一章对如何改进这个系统提出一些建议，开出一些试验性的“处方”。我并不想挑起论战，我的主要目的是描述科学真实的样子，以及它究竟是如何运转的。

我是一名身体力行的科学家，因此，我深受这个系统的影响。但在我职业生涯的早期，我曾经在产业界工作过一段时间。因此，当我进行科学研究的时候，我总是保留着一种局外人的视角。我想以一个局外人的眼光来写这本书，像主流的科学社会学家那样，试图揭示出科学系统的构造。流行的科学文化倾向于关注那些具有英雄色彩的人物和历史上的早期观点，并倾向于展示错综复杂的神奇逸事，讲述丰富多彩的故事和道德寓言。我不想走这条寻常路，而是想另辟蹊径。这是因为，首先，我的主题所涉及的互动关系更加广阔；其次，我想要探讨我们面临的现状以及未来可能的发展方向。

在这个过程中，我遇到了我认为自己理应知道答案的许多问题。比方说，全世界总共有多少位科学家，有多少位物理学家、化学家、生物学家或工程师？ 10 年后会增加或减少多少位科学家？每天都有成千上万篇论文发表，为什么其中只有少数进入了新闻报道和推特信息流？是谁为我们做出了这些决定？为什么？谁决定了我们进行什么样的科学研究？科学家平时都读些什么？他们如何选择自己进行什么科学研究？世界上的生物学家是太多了，还是太少了？是什么决定了科学会议的规模？我的背景知识无法回答这些问题，大多数科学家对此也都心中无数。

目前，科学的健康状况良好。它从来没有像现在这样，拥有充足的资金，创造出前所未有的新成果。但是，每个系统都有自己的缺陷，科学也不例外。科学系统的许多缺陷广为人知：金钱和个人利益的影响、数据和结论造假的丑闻、哗众取宠的大肆炒作或人身攻击、媒体对研究成果的歪曲报道，或者盗取别人的功劳。这些总是不断加剧科学的问题，但它们并没有从根本上削弱科学的基础，因为科学具备一种自我纠错的能力。

然而，在我的探索中，出现了另外一些令人不安的担忧，它们属于科学系统中比较含蓄、不被人提起的部分。质疑与争论的交流是科学生态系统所必需的一部分，但这些交流正在加剧科学不同部分之间的竞争。这种日益紧张的全球化竞争正在让科学的运转与演化走向歧路。在这本书中，我希望向读者阐明为什么我不再坚信科学的全球化，以及为什么我认为科学或许已经过度扩张。这些竞争会带来另外一些即将变得明显的后果，比方说，降低科学筹资与科学理解的多样性。所有这些压力都集中在科学家身上。人们有一种错觉，认为科学家不会受到社会压力的影响。但事实正好相反，科学家身处某些最激烈的全球性竞争的中心。然而，在一切讨论的开端，我们首先需要问一个问题，那就是：我们所说的“科学”究竟是什么意思？

第 2 章

什么是科学？

说起“科学”这个概念，大多数人都十分熟悉。但我想要进行的第一个任务就是撬开这个看似坚固的概念，将其分成两种截然不同的类型，并试图找出每一种类型背后的动机。接下来，为了让你更好地理解“科学生态系统”这个整体，我将讨论目前总共有多少位科学研究者，以及这个数量的变化趋势。这些科学家正是科学生态系统的核心组成部分。最后，我将探讨科学生态系统可能的运转方式，并解释后续探索中将要谈到的不同部分。

科学家的角色

我们周遭的科学

请你环顾四周，然后想一想：假如一个充满活力的女人从史前时代穿越到现在，她能认出或理解你身边的哪些东西呢？桌子、地板、插座、显示器、灯泡、窗户……这些东西在自然界中都不存在，但它们都精妙复杂、十分神奇。那么，最能让你那个史前朋友兴趣盎然的东西是什么呢？每一件物品背后都充满了丰富多彩的故事，交织着人们对文化、历史、科学和技术的不同解读。

请再想一想，如果将那个原始人换成你，你周遭的世界会如何激起你的好奇心呢？你目光所及之物，又会带给你什么问题呢？那个闪闪发光、被电线固定在墙上的亮片如何将彩色的光线洒满整个屋子？或许，你会着迷于手机发出的微波如何无声无息地在人体和地板上反射，又纤细如丝般穿透墙壁。为什么热咖啡中的金属勺子摸起来十分烫手，而盛放热咖啡的陶瓷杯子却不热？这一页上堆砌的文字如何在你的大脑中留下不可磨灭的化学记号，并在你停下来回想时重新浮现出来，供你再次斟酌？

科学并不总是如此具体和明显。或许，你更担忧那些飘浮在周遭的无形威胁。我们呼吸的空气中究竟隐藏着什么秘密，竟使得天边笼罩着黄白色的硫化雾霾？震耳欲聋的飞机旅行是否会加剧你对人类滥用地球资源的内疚感？你阅读的某篇文章是否真的带来了治愈癌症的希望？

这种看待世界的方式，以及不断追问“为何如此”和“为什么会发生”，正是科学的本质。我们的大部分问题都来自熟悉的日常生活。为什么胳肢会让人痒？为什么只有一些人会痒？胳肢的感觉为什么会存在？犬类为什么能在长途跋涉中掌控方向？许多这样的问题到今天依然没有令人满意的答案。然而，科学问题漫游的脚步走得更远一些。自然界现存的事物依然保持着它们原初的样子，但人们发明的新装置却能与人们习以为常的东西紧密连接起来，些许怪诞诡奇却又令人如痴如醉。指甲大小的设备能装下我们所有的音乐。闪闪发光的黑色太阳能板能满足我们对能量的需求。技术创造出许多奇迹，令人眼花缭乱，简单了解与它们相关的科学道理只能让你粗浅地领会其工作原理。

这种看待我们周遭世界的方式如何与“科学”联系起来呢？我们何时才算真正开始做科学研究？做科学研究到底是什么意思？在各种

报纸和网站上偶尔可以看到一些文章，尝试对科学下定义以及对科学活动进行分类。当我写这句话时，我的网络订阅列表正在“科学”分类下给我推送关于欧洲核子研究组织（CERN）的粒子加速器的新闻，在“气候变化”分类下给我推送关于北极熊捕猎范围的消息，在“技术”分类下给我推送关于蓄电池储能的讨论。这些也算科学吗？科学家可以从事技术或者环境相关的工作吗？为了解释这些模棱两可的问题，我将首先回顾一下科学从何而来。

我们的刻板印象从何而来？

我们对科学的理解总在不断变化。从 16 世纪开始，“自然哲学”就给这些古怪的人贴上了这样的标签：他们对物理世界及其日益丰富的实验方法冥思苦想。“科学”这个单词来源于希腊语，意为“知识的总体”，但很快被用来专指自然和物理领域的知识。到 19 世纪中期，“科学家”一词专指那些仅在自然领域内探索知识的人。100 年前，我们的刻板印象已经出现了：人们认为，科学家指的是那些致力于理解自然奥秘的科学独行侠、在丰富的自然生态环境中标记神秘物种的贪婪收集狂，以及打造出颇有市场的产品的创新技术人员。但是一个世纪以来，一切都发生了变化。尽管人们依然饶有兴致地观察科学家们到底在做些什么，并且这种兴致变得越发浓厚，但是，对于投资者和公众来说，我们过去对科学家的分类实在是很糟糕。

科学家和技术人员总是互相影响。讲希腊语的学者在逃离土耳其人的过程中影响和促进了一场意大利人文主义运动，该运动热衷于重新发现古典文学，复兴科学知识（现在被尊崇为“文艺复兴”）。14 世纪，当黑死病让劳动力变得昂贵时，技术变得越来越重要，人们从这些初生的科学中汲取价值，生产出有利可图的材料和设备。15 世纪，谷登堡的印刷技术得到了发展，将这些知识广泛地传播开来。与此同时，先进的航海技术让人们能够在遥远而广阔的天地中收集新发现。随着时间的推移，这些知识越来越成体系，琳琅满目，各就各位，只待科学来逐一解释。工业化则加速了科学和技术的循环周期。到 20 世纪，科技极大改善了人们过去繁重枯燥、攻苦茹酸的生活。

今天，我们的科学家们继承了这些积极性。一般而言，科学家可以分为“纯科学家”和“应用科学家”两种；前者是指研究自然世界的科学家，而后者是指试图从前者发现的那些知识中创造出有用之物的科学家。首先，我们不难发现，这两个标签是带有感情色彩的，因为“纯”字强调一种更加高贵的美德，纯净无瑕，出淤泥而不染。在社会中，“纯”字让人联想到另一些概念，比如“种族纯洁”或“性纯洁”，这些词则暗藏着一些令人鄙夷的阴暗面。因此，要理解科学家的积极性从何而来，我更愿意采用另一种更为中立的二分法。这种方法强调他们开展科学研究之时所扮演的角色，可能会更加有用。这种方法将科学家分为两类，我将其分别称为“化简者”和“构造者”。接下来我将向你展示这两种科学家如何创造基础科学知识。

介绍化简者

现在，请你想一想那些研究亚原子的粒子性质及其构成的物理学家。在这些物理学家中，一些人研究的问题是“为什么粒子拥有这么大的质量”或者“为什么它们像这样碰撞的时候会产生一簇新粒子”。他们剥去复杂的表象，试图揭示更基本的组件的性质，试图用简单的概念来解释观察到的现象。我将这样的科学家称为“化简者”。但你也可给他们冠以一些其他的类似绰号，比如“探索者”、“钻研者”或“解构者”。在面对这个世界时，他们喜欢打开“魔法盒子”，试图理解世界是如何运转的。他们是科学的还原论者。

化简者的方法是否在所有科学探索的开端总是奏效？并不尽然。只有在世界的基本物理规律能使多种基本量守恒的情况下，化简主义才行之有效。我们知道，能量是守恒的，动量是守恒的，原子的数量是守恒的。但在许多不同的情况下，这些规律都可以被打破：比如说，我们可以将能量转化为质量，再将其转化回能量；我们可以通过磨损或者化学过程将固体转化为气体，让物体失去原子；我们可以通过核反应将一种原子转化为另一种原子。最有用的是，这些规律的基本逻辑让我们将现在出现的问题与过去探索过的问题紧密联系起来，形成了人们的科学直觉。太阳底下没有新鲜事，每个问题都与我们过去曾思索过的某些问题相联系。如果没有这种先后顺序，我们就很难形成直觉，我们的大脑将被乱糟糟的细节和信息碎片淹没。化简者在科学的每一个领域都发挥着作用。

化简者是否扼杀了科学之美？

化简者让人联想到几种对科学的情绪反应。长期以来，化简者都被视为世界之美的敌人，因为他们揭示宇宙的运行规律，将其视为毫无人情味的机器，扼杀了世界表面的美感。一些人认为，解释复杂现象背后的简单原理（譬如彩虹为何拥有绚丽的色彩）就好像剥去了这些美丽现象的力量、生命力与能量一样。在其他领域，我们也可以看到类似的“指控”。比如有人认为，对诗歌、文学和艺术进行分析会摧毁它们的美感。

然而，化简者也被视为伟大的探索者。他们勇往直前，探索宇宙中未知的新知识。这种开创式的行为为人类带来了许多规模宏大的“大科学”项目，比如粒子加速器。在这些项目中，人们强调打破知识边界的传奇精神，从而加深对人类在宇宙中的位置的理解。他们勇于推翻传统理论，就像击溃巨龙的骑士一般。其实，化简者的这种长期斗争正好推翻了一些人对他们的指控——他们就像制作蝴蝶标本一样，将世界的美好钉在木板上，供人瞻仰。每一个仰望星空的人心中都充满敬畏。星星其实只是一些“充满气体的庞大球体，在进行核聚变的同时向我们喷射出巨型灼热光带”（如图 2–1 所示），了解这一事实只会让我们更加惊叹于宇宙之美。诚然，还原的确是科学的简化任务之一，但它并不是要对科学的内容进行还原，而是要转变我们对科学的理解，从简单的事实堆砌中抽丝剥茧、聚沙成塔，了解交错纵横的科学原理及其对人们的影响。这才是“理解科学”的真正含义。

图 2–1（a）

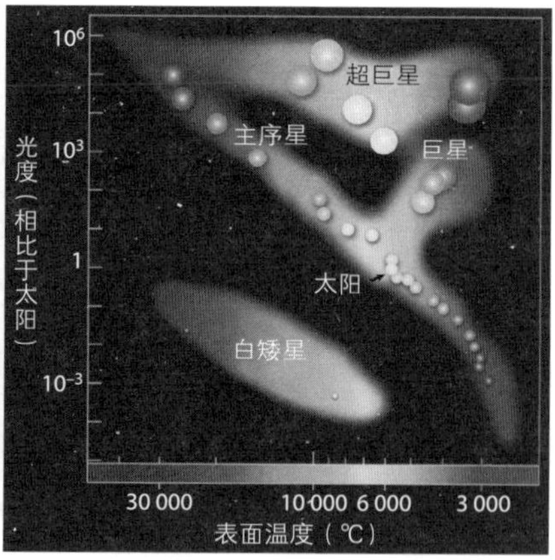

图 2–1（b）

图 2–1　启发灵感的两种方式。在图 2–1（a）中，我们可以看到红宝石般的三叶星云，它的直径有数光年。它的核心充满了氢气，被几百颗年轻的恒星烧得火热，使其发出红光（就像霓虹灯中炽热的氖气发出红橙色的光芒一样）。在图 2–1（b）中，我们可以根据恒星的冷却和光度变暗的过程来记录它们的演化（从左侧的蓝热，到右侧的红热）。图片来源：图 2–1（a）R.Jay GaBany, Cosmotography.com；图 2–1（b）© 2017 ESO

压缩信息

化简者的一个任务是对其所在的科学领域进行“信息压缩”。他们的目标是用“更少的事实”和“连接性更好的描述”来直接解释世界（通常，他们会采用公式来定义事物之间的关系）。但他们有时又不得不承认，信息压缩在某些地方会失灵，比如预测天气——我们通常只能预测几天之后的天气。而在其他领域（比如预测股票市场的大幅度波动），我们希望能进行准确的预测。有趣的是，化简者如今拥有最大权威的领域，正是那些最难用实验来检验、组成结构错综复杂的领域，包括宇宙学（比如恒星、星系、类星体和黑洞的分布）、生物学（生命是什么？细胞如何工作？大脑如何运转？我们如何体验意识？）和粒子物理学（宇宙中的反物质为何如此之少？基本粒子的质量和电荷从何而来？质量和电荷究竟是什么东西？）。如果实验条件很难得到完全控制，观察到的实验现象模棱两可，那么，每个学科都将面临巨大的挑战。化简式的科学最为简单易行；并且，如果把科学看作一个带有很多控制旋钮的盒子，每个旋钮都可供我们旋转，化简式科学的效果是最好的。如果我们损坏了盒子，还可以尝试另一个新盒子。在这种情况下，化简者势如破竹，无往不胜。

但是，如果可测试性和可重复性受到挑战，科学就会陷入困境。如果科学家拥有关于世界如何运转的理论，他们就必须用它来做出预测。然而，如果进行这些预测需要花费几千年，并且需要超出我们的控制范围（比如恒星之间的碰撞）才能实现，那么，科学家就无法设计实验，无法等待和观察实验结果是否符合他们的期望，也无法通过重复实验来检验它的结果是否每次都一致，更无法通过轻微改变初始条件来重复实验，从而测试预测是否稳定。同样，目前还不可能通过在某人的大脑中设置一系列想法或者植入新的记忆，来观察数十亿的神经元是否会重复它们的放电过程。可测试性和可重复性的问题往往出现在那些目前尚无进展的领域，因为我们的实验无法与理论的步伐保持一致。相反，科学家只能依赖于观察某些特定的现象（比如用望远镜在宇宙各处搜寻一些星球间的碰撞），或者等待某些他们意欲测试的东西不经意地出现（比如观察癫痫发作时的大脑）。这种策略依赖于观察对象（比如恒星和神经元）的丰富程度和分布密度。因此，这种策略对观察那些鲜有发生或分布稀疏的现象来说十分困难，比如气候突变、股市崩盘、超新星爆炸或行星生命演化。

其结果就是，出现了一类十分特别的科学难题——在那些领域，虽然化简者的数量众多，却很难通过实验来检验。这些难题必须与那些对化简方法的运用已十分成功的众多科学领域（比如电子学和分子键研究）相区分，后者的科研成果已经形成了一个高度压缩的信息网，而这个信息网又孕育了许多新科学的种子。这些领域中的大多数都经得起多种实验类型的检验，保证我们能理解其背后的科学原理，也保障了其可信度。它们增强了我们对世界进行预测的信心，而这种信心对我们接下来要讨论的另一种科学研究方法至关重要。正是由于化简者在“信息压缩”的任务上十分成功，才带来了我接下来要讨论的第二种科学家角色。

介绍构造者

一旦化简者能胸有成竹地预测世界的某一部分是如何运转的，就会出现新问题，将我们引向一个截然不同的方向。“我们如何运用这些科学突破来构建一些东西，而不仅仅是进行简化呢？”一些科学描述不是在描述事实，而是控制事物之间的交互，是一些工具箱和守恒定律；这些描述的固有性质使其孕育出一类完全不同的创造性，将它们推广至新的领域。比如："如果我对此物这么做，会发生什么呢？"或者"如果我将其加热，它会如何运转？"请注意，这类科学并不是直接探寻大自然的运行规律，而是在构建自然界中前所未有的一些结构。在这个过程中，"它是如何运转的"这类问题通常与"如何才能让它以不同的方式运转"这类问题成对出现。因此，我把这类科学家称为"构造者"，你也可以称其为"建造者"、"设计者"、"创造者"、"制造者"或者"装配者"等。他们可能没有把这些知识应用在某些具体的目的上（因此，"应用科学"这个名字并不能抓住其精髓）。他们可能是理论家或实验家。

构造式的科学是以化简者们的初始发现为基础的。假如化简者的初始发现在某些方面并不稳定，构造式的科学是不可能实现的。你可以将科学想象成一座高楼林立的城市。化简者们生产建筑工具，比如电缆、混凝土、梁柱和金属支架。构造者们则发挥想象力，将这些部件组合在一起，将刚性和压力的原理以及拱门、穹顶和扶壁的潜力发挥到极限，同时雕刻出优雅的形态。如果人们对这些部件及其组合方式的理解存在缺陷，将很快被发现，因为用它们搭建的楼房会很快倒塌。我们之所以并未目睹科学之城的分崩离析，正是因为我们所拥有的大部分知识都十分可靠，它们组合在一起，坚如磐石，固若金汤。有些人可能会认为，科学之城的坚固代表了科学家对新形式的拒绝、保守主义或者懒惰。然而，科学的这种宁静祥和恰恰说明科学整体上是成功的。这就好像要保证计算机正常运行，我们必须依赖对物理学的理解，让复杂的物理过程达到我们想要的状态，并让它们在每秒数万亿次的运算过程中持续保持这种正确状态。

科学知识的历史积累过程正是修筑科学之城的过程。这个过程形成了一张知识巨网，是我们赠予未来社会的礼物。这张巨网由很多东西组成，比如发表在期刊上的科学论文、科学家收集的技术和设备、所有在世科学家的知识总和以及他们的人际关系。这张网是由化简者和构造者共同构建而成的；二者互相交流，促进新科学的出现；同时，他们一起寻找知识之网中需要修补的破损之处。由于某些科学领域的知识之网结构致密，我们很难进行大的改动，其中也鲜有未被发现的空间。但从另一个方面看，即便我们对知识之网的各种细节了如指掌，也并不意味着科学就此沦为一种按部就班、依靠死记硬背持续下去的活动。相反，构造式科学中总是源源不断地产生令人惊奇之物——这或许正是科学的第二个奇迹。

化简者和构造者这两种角色对科学生态系统的创造力来说都不可或缺（如图 2–2 所示）。但是，为什么对部分的（化简者式的）理解并不意味着理解科学的全部呢？这是因为，在某一个抽象层级对科学的完美理解，并不足以告诉我们假如将这个层级的各个部分组成一个更加复杂的整体，会发生什么事情。坚硬的砖块并不能保证它们组成的拱桥坚不可摧。这涉及一个名为“涌现”（emergence）的概念，它的含义正如物理学家菲利普·安德森（Philip Anderson）所说，“多，意味着

图 2–2 化简者和构造者的区别

不同”。有人曾认为，关于夸克的亚原子结构的知识可以带给我们关于生命的生物化学知识，“涌现”的概念则彻底摧毁了这种想法。不同的科学学科之所以分成不同的层次，正是基于这一原则。比如说，人类早就猜测有些分子能进行自我复制，但这些知识并不是从化学知识中推导出来的，而是来自偶然的发现。科学家中的构造者，正是这种涌现式科学背后的推动者。

从古至今，构造者在科学界都非常普遍。古列尔莫·马可尼是首个用无线电波将信息从英国传送到美国的人。他的工作建立在一整代化简者的研究之上，比如詹姆斯·麦克斯韦，他发现了电磁波（包括光线、X 射线、微波和无线电波）基本方程组。有时，同一位科学家可以同时扮演化简者和构造者的双重角色，但通常情况下，这两种角色往往不会出现在同一个人身上。

肥沃的迷你世界

在现实世界中，科学由化简者向构造者的过渡十分微妙，不易被察觉。为了检验某个化简式的科学思想是否正确，人们通常会提出非常严格的模型。这往往意味着我们需要将这个思想拆解为一组更小的零部件，并开展一系列新实验，对这些零部件一一进行检验。为了理解一种有毒物质，科学家可能会将特定的化学成分注入某个细胞或某个特定的器官，然后对其进行仔细观察。为了理解地球的内部磁场，我们会在钻石砧室中对铁元素施加强压和高温。这种实验非常重要，因为它们能用简单的方式揭示现象背后的原理，在原本杂乱无章的世界中循序渐进、化繁为简，尽一切可能提炼出抽象的概念，并将复杂的干扰因素降到最低。这就是化简者所使用的武器的本质之所在。他们将现象从初始环境中提炼出来，并将这些抽象的现象放在一个“防护网”

中，让其行为尽可能地贴近它的模型。这种方法本身就能创造出新的可能性，孕育出新科学。

对这种模型系统的一个传统应用是“思想实验”，这是汉斯·奥斯特提出的一种理论方法。一个世纪前，埃尔温·薛定谔等先驱科学家在研究量子理论时也大量使用了这种方法。由于量子力学主要研究微观层面的粒子运动，人们一开始常用它来解释为什么原子被激发时会呈现出不同色彩。这些理论不仅成功地解释了一些彩光现象（比如钠路灯），还表明对微观粒子进行观察实际上就会改变它的运动方式。20世纪20年代，想要实施这样的实验是不可能的。因此，人们更关心如何分析和构建“思想实验”，以此来思考其影响和含义。这些完全理想化的“实验”得出了稀奇古怪、不可思议的结论，从而激发了大量新理论的形成。最终，技术进步终于使人们得以在现实世界中进行这些实验，结果与之前思想实验的结论几乎完全吻合。如今，那些思想实验逐渐在现实世界中实现，促使年轻的科学家们（以及我们所有人）越来越相信量子力学理论的基本原理。我们目睹了来自大块蛋白质分子的波进入探测器后，仿若分身一般，同时挤进了两个间距极小的针孔。即便是这样宏观的大体积物体，也不吝向世界展现出它具备类似波一样的特性。

化简者用越发精巧的实验在单个观测粒子上证实了量子力学理论，构建出了理想化的理论结构。这促使构造者发挥想象力，设想利用量子系统的方法。于是，一个全新的子领域——量子信息学出现了。它运用量子力学来编码信息，动摇了使用0和1的主流二进制方式（如图2–3所示）。量子信息是由0和1的组合来记录信息，但多种不同的组合方式可以同时存在，就好像未来的电子电路可以同时切换到“开”和“关”两种状态，并对两种状态同时进行计算（因此更快）。相关

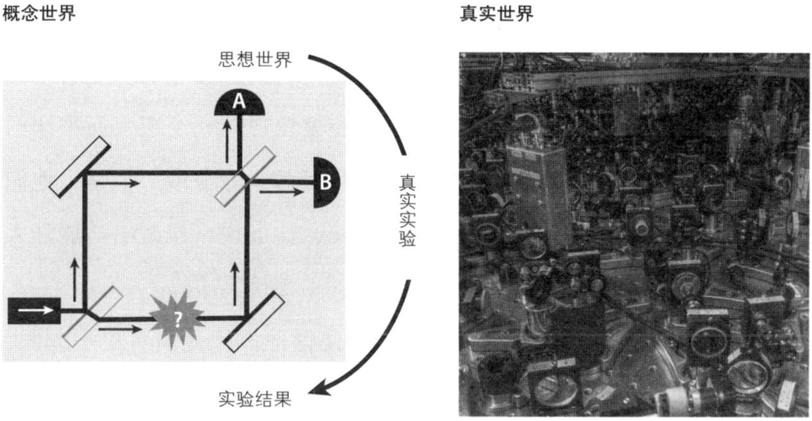

图 2–3　思想实验、现代实验室中真正实现这些实验，以及在科学期刊上发表它们的结果，这三者之间的关系可以用本图中的示意图来表示

的研究有很多，比如说，对单个电子进行测量，或者建立超级安全的量子密码学，保证没人能解读和复制你发送的重要信息（比如你的银行密码），又或者，对图片甚至物体进行远距离传送。目前，人们已经发明了极其敏感的量子设备，可测量地下储藏的石油的引力，还可以探测到人类大脑中的神经元如火花般闪烁时产生的局部电流。这些都是化简式模型在构造式工具中的体现。

构造者都做些什么呢？

这应该为“构造者如何工作”提供了一点线索。比起解开大自然的奥秘，他们对建立新的模型系统、观察新行为的出现更感兴趣。有时，他们灵机一动，但在梳理想法的过程中，却发现了一些意料之外的东西。这正是他们比化简者更难解释他们所做之事的原因，因为他们不是在“治疗癌症”，也不是在应对类似规模的重大挑战。事实上，他们的突破常能成为解决大挑战的关键所在。他们无法预知结果如何，只有解决问题的希望与可能性。比如说，材料科学领域的从业者广泛分布在企业与高校中。他们的工作并没有聚焦在同一个宏大而艰深的奥秘之上，相反，大多数人为之奋斗的目标都十分分散。但是，他们取得的进展却能解决其他领域艰深的奥秘，比如说，建造出功能强大的照相机来眺望最遥远的星系或窥探最微小的细胞结构。

正是由于构造者目标的分散性，才使得他们比化简者更不起眼，但分布却更广泛。在物理学中，我们或许会将“寻找希格斯玻色子”视为典型的化简式科学（如图 2-4 所示）。而在构造式科学中，一个与“寻找希格斯玻色子”相同规模的例子是人们在 20 世纪为“理解麦克斯韦电磁方程的含义”所做的努力。而这番探索涉及人数之多，时间之漫长，是前者无法比拟的。即便如此，最近流行的时髦理论（就像科学中的“花车”）表明，我们对隐藏在这些光的波动方程中的内在潜力知之甚少，尽管我们对它们的表达式一清二楚。比方说，我们不知道怎样才能构建由复杂精细的亚微观金属丝网络组成的“超材料”，从而证

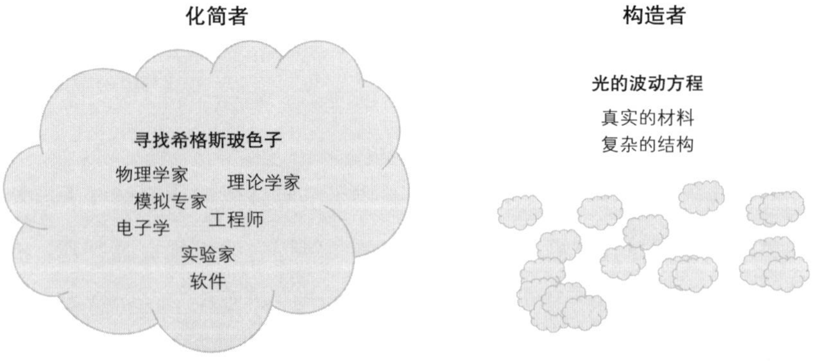

图 2-4 化简者通常会围绕大挑战进行讨论。而构造者的研究则更加分散在互相竞争的研究团队中，并围绕热门话题迅速聚集

明亚伯拉罕·弗莱克斯纳在1939年提出的“无用知识的有用性”。目前，全球可能有成千上万的科学家正在研究这个挑战的不同部分，以理解光波。但他们从未将各自的目标统一起来，因为他们总是各自为政，互相竞争，每个人只关注某些细枝末节。知识的碎片化，乃是当今构造式科学的主旋律。

公众直到近些年来才对构造者稍有认知。并且，构造者没有像化简者那样激起公众的明显情绪反应。稍后我们将讨论它们与工程学和技术之间的关系。他们研究的问题通常深奥复杂，让人感到十分陌生，因而与普通人似乎距离遥远。想要为构造者确定一个清晰的远景目标并不是一件容易的事。这就好似大厦总能扩建、都市皆可蔓延一样，琐碎而细小的特征日积月累、聚少成多。然而，在构造式科学的整个发展过程之中，却出现了风靡社会的新思想和新技术。他们的创造力并不归功于某些个人或者某个研究团队，而是孕育于合作而又互相竞争的庞大科研团队网络之中。个中故事非常复杂，一言难尽。当技术进步的果实传递到我们普通人的手中时，我们通常十分感激，但却不清楚，也不知如何搞清楚它们是何时被创造出来的，也不知道它们背后的科学原理是什么。同时，我们对这些科学的某些用途存在着矛盾的情绪。比如说，有些技术既可以用于制造武器，也可以用于开采自然资源。要厘清这些用途，可不像化简者们解答科学问题那么简单。我们赋予了科学家为其“后继者”负责的责任，但问题是，我们所说的“后继者”，究竟是指最初的化简者，还是接踵而至的构造者？

化简者和构造者这两种科学家角色贯穿本书。在思考某些问题时，这种二分法十分有用，比如“为何媒体和政治如此关注化简者”这类问题。不管怎样，在科学家中，构造者的数量大于化简者。想要更好地理解这个差别，我们可以从“科学生态系统”的角度来看。但在讨论这些问题之前，我们需要知道这个世界上到底有多少科学家。

到底有多少科学家？

如何衡量？

这个世界上到底有多少科学家？对这个问题，有人可能会脱口而出——“60 多亿”，这几乎接近全球人口的数量。他们之所以得出这个答案，是因为他们认为，每个人从孩提时期开始都拥有成为科学家的内在倾向，每个人都对周遭世界充满好奇心，并通过实验和思考来探索世界。蹒跚学步的幼童能对周围的世界进行观察，并归纳相关假说，进行检验，最终形成理论和信念。许多人对学校教育体系多有怨言，因为他们认为教育体系扼杀了这种与生俱来的好奇心。但我不这么认为。我发现，每当自己用收集的智力游戏（比如三维鲁班锁或者波形排列的磁铁阵列）来考验朋友们时，他们无论老少都会用类似科学研究的方法来解决谜题。只不过，在我们的社会中，只有极少数人能得到正式的工作，将这些天赋运用在科学上。

从全球范围来看，专职从事科学研究的职业规模有多大呢？想要做一个初步衡量，我们可以估计科学家的数量，并估计该数量在未来会如何改变。大多数科学家都多多少少了解自己所在的子领域中有多少科学家，并强烈预感到这个数量正在激增，但全球一共有多少科学家呢？他们却心中无数。全球科学界作为一个整体，并不受他们掌控。

联合国教科文组织（UNESCO）收集了各国政府的数据，对全球专职科学家的数量做了估测。最近的估测数量是 800 多万人，而在 2002 年，这个数字只有 500 万，到 2013 年，这个数字涨到了接近 800 万。这个数字背后是数不胜数的研究项目。这 800 万人中的每一个人都在知识之网上奋力编织，弥合缺口。第一次看到这个数字时，我简直惊呆了，因为我认为这个数量实在太庞大了，还因为这 800 万人在地球上的分布十分集中，主要聚集在几个区域。请想象一座规模如同伦敦、开罗、莫斯科或北京的城市，每个市民都是科学家，每个人都在自己的科学岗位上鞠躬尽瘁、兢兢业业，并争先恐后地寻求认可。对于科学研究来说，这个人数十分庞大，并且增长十分迅速。早在 1961 年，德里克·德索拉·普赖斯（Derek de Solla Price）就对人类的科学活动进行了一些测量。结果显示，测量数据都呈现了指数级增长。他的一个结论是：在人类历史上所有科学家中，有超过 90% 的人依然在世。显然，这个结论在过去近 300 年来一直成立。但时过境迁，一切都在发生改变。

白大褂的激增

显然，800 万名科学家并不清楚彼此的日常工作，因此，科学必然是碎片化的。那么，他们都分散在何处呢？在大多数西方国家，进行研发工作的人口比例常年处于 0.4% 左右。关于研发工作的概念到底是什么，我们稍后再讨论。但显然，所有这些人的工作都是为了发现新东西。目前，在中国、印度和非洲大陆，科学家的比例略显凤毛麟角。但是，随着这些国家的工业化进程和发展程度逐步加深，他们会将越来越多的人力资源聚集到科学事业上。这样一来，全球科学家的总人数将超过 2500 万人，并在接下来的 50 多年内增加两倍。这些新增的人口会涌入已经存在的领域，还是会创造出新的科学领域呢？我们并不清楚。或许，科学家将不再像现在一样主要聚集在西方国家，而是更加广泛地分布在全球各地。与此同时，西方国家的科学家数量将会减少。又或许，科学发展的步伐会加快，每年将有更多的科学突破呈现在我们面前。又或许，当今科学已经达到极限。在未来，科学研究的质量会保持现有水平吗？还是说，未来的每位科学家都将拥有更多时间和空间来确保研究的质量？稍后我们将会看到，科学生态系统的内部运行原理让我们对如何解决这些问题略知一二。

想要解决这些问题，了解科学家的数量十分有用，但这带来了更多问题。我并不想将我们的讨论变成对数据的堆砌，因为这并不能顺利地让你对科学世界产生整体认识。我采取的策略是在字里行间呈现综合信息，但也尽可能多地为你提供原始数据。许多数据对理解全局来说必不可少，但却晦涩难懂，因此，我们需要建立一个在线社区来改善这个状况。目前，对统计数据进行粗略查阅可以看出各个国家之间的不同，并且，某些地区正在发生变化。

人们感兴趣的一个方面是，地球上的科研人员数量增长得极快。目前，科学家人数的年增长率已经超过 4%，而世界人口的年增长率只有 1.1%。科学界的扩张非常迅速。科学家的数量每 16 年就能翻一番。不过，尽管全球科学家的年增长率超过 4%（如图 2–5 所示），但在西方发达国家，这个数字要低得多，比如，北美为 1.6%，欧盟为 1.5%，日本为 1.9%，这些国家早在 20 世纪 50 年代就已打牢了科学的基础。最近，印度（6%）、巴西（12%）、韩国（9%）以及俄罗斯开始模仿西方国家，建立起以高校和政府投资为基础的科研体系，科学家数量均取得了迅速增长。这些国家相信，科学研究能让它们在高科技领域有所建树，促进经济繁荣，巩固制造业的增长。反过来，如果一个国家在高科技行业突飞猛进，那这个国家一定支持一个对保持科学研究充满信念的新兴精英阶层。

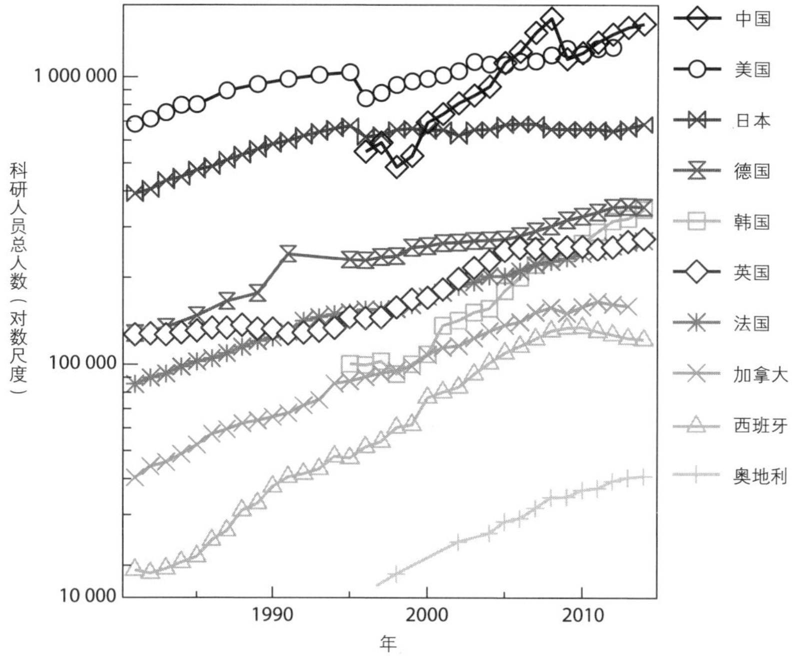

图 2–5　不同国家科学家数量的增长趋势（数据来源于联合国教科文组织，包括高校、研究机构和产业内的科研人员）

科学家是谁？

在思考这些趋势的时候，我们不能不假思索地全盘接受联合国教科文组织提供的统计数据，而必须小心谨慎，仔细推敲。直到最近，各个国家才对“科研人员”的定义和判断达成了一些共识。联合国教科文组织所使用的“弗拉斯卡蒂定义”[1]，可以追溯到2002年。它将研发定义为“在系统化的基础上，为增加知识存量、使用知识设计新应用

[1] 弗拉斯卡蒂（Frascati）是意大利中部的一个小镇。经济合作与发展组织（简称经合组织，OECD）在这里起草和发布了关于收集研发统计数据的《弗拉斯卡蒂手册》（*Frascati Manual*）。——译者注

而进行的创造性工作”。它的一大特征是“可观的新颖元素”，因此，它不包括常规测试、市场研究、专利申请或试生产，但是包括科学发展。这对我来说，似乎准确地描述了科学家这一广阔的群体以及他们共有的工作方式，将产业、高校和政府机构（这部分通常只占很小的比例）的研究者统一起来，组成了一个整体。

人类进行科学研究的方法丰富多彩。为了清晰地解释这一点，在此，我将采用一个假想的例子。这个例子的目标是使用真实数据来确定最优的性能指标，比方说，汽车发动机冷却系统在不同季节所使用的防冻剂配方（如图 2–6 所示）。要研究这个问题，方法有很多。其中一种方法是找出有效而准确的混合物（也就是对实际结果建立模型）。相比之下，一个更通用的方法则是找出背后的科学原理，建立一个模型来解释防冻剂的某些特征（解释性能）。另一种方法是研究不同的冷冻

图 2–6　对同一问题不同方面的关注如何促进科技发展，满足人类好奇心

液在何种情况下可能会产生不同的性能（类型和等级）。更抽象一些的方法则是研究液体在承压流体中加热和冷却时的热力学性能，总结各种不同的液体效应，并考虑这些现象是否可能在自然条件下发生，或者是否可能在实验室条件下实现（也就是总结普遍规律）。上述所有的研究方法都既有清晰的问题，又有明确的答案，并且能够被划分为纯科学、应用科学、工程学或技术。与此同时，它们都横跨理论与实践。一些答案只在某些限制条件下成立，它们或许对某些公司在调整产品参数时具有参考价值。还有一些答案或许能为某个科学领域提供一种组织观察的全新方式。而这些不同种类的科学，都产生于同一个问题。因此，研究者只需稍稍改变一下研究问题的细节，就能使他们的触角横跨所有这些学科。只要新知识孕育于创造性、系统化的新颖研究，对我来说，它就能够被称为“科学”。

高校与私营企业进行的工程科学的区别只在于二者对问题的关注程度不同，也就是说，科学家对特定方面的关注程度。在我所认识的企业科研人员中，大部分都抱怨他们从来没有足够的时间来透彻地领悟他们的研究对象，因为他们必须尽可能快地解决问题，提供相关数据，然后继续下一个问题。有时，他们并没有创造新的知识，因此，我不认为他们所从事的是“科学”。相反，高校中的研究者必须从更抽象的层面上来理解问题，提供能在不同环境中被重复使用的知识。资金在各种投资者之间来回流动，模糊了上述二者之间的界限。技术只依靠“试错式渐进”就能稳步前进，而作为其基石的科学却往往落后很远。五百多年以来，科学对技术的这种“追赶”已经成为科学进步的驱动力之一。

弗拉斯卡蒂定义还坚称，学习如何做研究的研究生（类似科学“行会”的学徒）也应当被视为科研人员，这将极大提升高等教育系统中的研究者数量，远远超过从事学术研究的正式科学家数量。比如说，在英国，只有3.1万名科学家在高校的科学、医学和或工程研究部门拥有正式职位（占总人口的0.05%）。这个人数只占高等教育系统中科研人员数量的20%，只占联合国教科文组织报告中英国研究者总人数的12%。作为对比，让我们来看看美国的数据。2010年，美国拥有27万名学者，占科学和工程学教职员工职位总数的0.09%，占研究者总数的23%。哪种研究者增长最快？不同国家的答案不同：在中国和印度，正式学术研究人员增长最快；在韩国和西班牙，产业界的研究人员增长最快；在英国和美国，则是短期合同制的研究人员增长最快。在不同的国家，处在高校和机构中的科学家所占的比例也不尽相同（我们将在第3章中进行讨论）。比如，在西班牙和英国，这个比例超过60%，而在美国和韩国，则低于25%。这反映出与政府相比，企业能够或愿意在研究上投入多少资金。

哪些因素决定了每个社会中科学家的数量？由于科学家能够鼓励一代又一代年轻人的兴趣和教育，促进投资，因此，同生物的生态系统一样，科学的生态系统也具有强大的繁殖力。在自然界中，制约生态系统发展壮大的因素是资源：“资金”和栖息地的大小。无论在哪个国家，政府对医疗保健的投资规模都是科学研究的10倍还多，并且还在不断上涨。这在许多国家都引起了人们的担忧。相比之下，虽然科学研究的投资只占社会预算的一小部分，但却很可观，它稳定在一个令纳税人和公务员都较为满意的水平。科学投入似乎总是上升到一个让人注意到的水平，然后就停止了。但是，这个水平究竟到哪里才算合适？没有人能下一个令人满意的定义，也没有规定说科学投入应当减半或者应当翻倍。那么，对科学投入多少资金才算合适呢？

在产业界，不同企业雇用数量不同的科学家（通常是构造者科学家）来帮助他们创新产品或服务。对企业来说，他们必须持续不断地产生盈利和增长，才能在残酷的竞争中生存下去。于是，科学研究成了他们的一大驱动力。但是，在科研上投入过多，会与商业活动的其他方面抢夺资源，并且可能无法获得回报。因此，想保持平衡是十分微妙不易之事。过去几十年里，企业中的科学家数量持续增长。大多数情况下，这个增长率与政府支持的科学家的增长率不相上下（英国除外，英国企业中科学家的数量在过去 20 年都没有增长）。因此，社会财富的增长在科学上反映在两个方面：一是政府投资的科学，二是企业为推进自身技术基础而投资的科学。

一个社会的政府机构和高校能支持多少科学家，还取决于科学家工作的另一个方面——本科生教育。纵观高等教育的历史，可以看到，高校组织本科教学的场所是各个院系，而院系则是依据科学学科组织而成的。在许多国家，越来越多的年轻人选择进入大学接受高等教育，这也可以解释教授数量的增长。然而，如果人们对科学专业的印象是“很难学好”，并且，理科毕业生在其他需要用到数学能力的领域（比如金融）更易获得高薪工作的话，选择科学专业的学生数量就会下降。反之，科学专业的学生数量就会上升。如果一个学院的学生数量骤降，政府部门施加给高校管理层的经济压力就会陡增。过去几十年里，在某些国家曾出现高校学生“逃离科学”的现象，学术科研人员失业的现象也时有发生，这引发了人们的担忧。但慢慢地，这个现象会对该国的经济形势产生迟来的作用，进而影响社会对科学教育从业者的需求量，最终重新达到平衡。经济形势变化带来的影响是缓慢而滞后的，这意味着现状总是令人不满——寻求改变的压力无处不在。但从全球范围来看，科学专业的学生数量是稳步增长的，这也支持了科学家数量的增长。

新的学术研究人员何去何从？获得终身职位的研究者都投身于什

么科学领域呢？由于科学领域十分碎片化，分散在不同国家的不同部门，因此，很难进行完全综合的比较。英国政府对科研活动进行了一系列评估，提供了一些有用的数据：在 3.1 万名专职科研人员中，25% 是物理科学学家，16% 是从事生物学相关研究的科学家，34% 是医学科学家，25% 是工程师。美国的终身教职人员的比例与英国类似，30% 是物理学家，52% 是生物或医学科学家，16% 从事工程学。过去十年里，生物科学家的数量增长最快。目前，他们的数量已经超过了物理科学学家，几乎是后者的两倍。由于不同国家对不同学科的优先级不同，因此，上述比例在不同的国家皆有不同。什么比例才算是正确的比例呢？目前并无共识，甚至无人讨论这个问题。各个领域都在政客耳边吹着不同的“枕边风”。风水轮流转，谁也不知道明年好运到谁家。

从全球范围来看，科学家的数量每年增长 4.4%，这相当于每年新增 30 多万名科学家。在美国，每年在产业界新增的研究者接近 2 万人，高校中新增 5 000 多人。在中国，每年新雇用的研究者多达 19 万人，其中超过 15 万人进入了产业界，超过 2 万人进入了学术界或科研机构。全球来看，每年有超过 9 万名新研究者进入高校或政府机构，其中大部分从事科学、医疗和技术工作。这些只是每年新增的数量，在此之下，已存在数量庞大的 200 万人的科研队伍；这还没算上所有的技术员和从事行政和支持工作的雇员——是他们的存在才让科学家的研究工作成为可能。那么，这些研究者都在做些什么呢？这个世界真的需要新增这么多科学家吗？稍后，随着我们对科学生态系统的探索逐渐深入，我们将看到，这些“科学新人”中的大部分并不是在开创全新的领域，而是沿着既有的路径，循规蹈矩地工作，因为这样更能提升他们的职业信誉，对他们的职业生涯来说更有用。

科学家如何自我定位？

“追问自然界的问题”与“寻求答案以进行技术开发”之间的联系，创造出了两个相依相随的循环过程——科学的发展与技术的进化。目前，二者紧密相连，每个科学家都必须同时考虑它们——提出新问题，并思考过去的答案可能带来什么应用和影响。然而，科学实在太广袤，科学家不可能同时参与所有事情。人类社会厌恶同质化。科学的疆域日渐分割与彼此隔离，产生了由学科、领域、幕后“老板”以及国家边界划分出来的区域。

学科之间的边界已变得不可逾越。从文艺复兴时期的自然科学“大扩张”和后来维多利亚时代的工业化导致的“科学大爆炸”起，科学就被划分为不同的学科。在这些学科中，不同的自然规律占据着中心，它们被视为该学科的金科玉律。尽管学科之间其实是互相联系的，但学科划分将科学划分为特定的视角和尺度。比如，化学家从量子物理学总结的抽象规律中摘选出有用的知识，用来解释将原子组成分子的结合键及其相关反应。地质学家将矿物化学和生物周期的知识装入囊中，以帮助他们理解基岩及其边界是如何在漫长的时光中逐步形成的。学科边界的存在对科学家的训练有所帮助，这样一来，在浩瀚无边的科学之海中，他们得以聚焦在一些定义明确、边界清晰的部分，学习它们的基础，并选出自己最感兴趣的领域。这是不是训练科学家最行之有效的方法，尚有待讨论，但这个过程在科学生态系统中已经稳定下来，成为坚实的基石。我在 IBM 工作时，人们告诉我，当你提出要一名“化学家”的需求时，你对哪些人会出现基本上能猜个八九不离十。除了对所需的技能组合进行规定之外，基于学科的教育还在科学知识之网中形成了不同的思考方式和观点。

化简者与构造者的划分把风格一致、焦点相同的学科编织在一起。

自然科学通常更倾向于化简者式的科学：数学、物理学、化学、生物化学和地球科学。这些学科的一个共同特点是它们都为其他领域提供基本原理。工程师将这些原理用在构造式科学中，但努力将其抽象化，以取得最佳的结果。医药科学与卫生保健领域将化简式与构造式科学结合起来，关注生物世界的问题与答案，小到分子级别，大到大规模疫苗接种。我们还应当注意到，联合国教科文组织定义的科学家中还包括一些数量较少的种类，比如社会科学家（他们研究经济、人群或网络的系统性质）、农学家（他们从几万年前就开始研究自然世界）以及人文学科的研究者（他们的数量相对较少）。

想要了解历史上化简者和构造者的比例，并不是一件容易的事。他们各自的数量似乎并未大起大落，但却很难追踪。但我们可以追踪过去学术界与产业界各自所占的比例。联合国教科文组织的数据显示，在过去 30 年里，没有一个国家的产业界研究者的比例变化超过 20%，这远远小于不同国家的产业界科学家比例之间多达 60% 的差距。不同的社会所支持的公共科学与私人领域科学的“配方比例”似乎也不同。然而，这种稳定性清楚地表明，以科学为基础的产业正在蒸蒸日上，但其扩张的部分并不是完全由工程师所占据——学术研究也一直与技术发展并驾齐驱。无论是在学术领域还是商业领域，化简者与构造者都在不断扩张。

最后一个划分科学家等级的标准是考虑他们的金主是谁。在 800 万名研发科学家中，有超过 60% 的人跻身于产业界。在那里，科学家们必须把精力集中在那些可以推动技术发展的科学上，以创造出消费者甘愿掏腰包的产品。高校中的科学家们经年累月地尝试寻找和理解科学大厦的一砖一瓦，检查哪些部件存在弱点或缺点，可能坍塌。与此同时，产业界的科学家们则聚精会神地打磨和黏合那些必须保持坚固、不许坍塌的部件。

谁对科学大厦的不同部件有所贡献？他们又贡献了些什么？要讨论这个问题，就必须深入了解人类社会的部落特性。尽管科学家总是号称自己很理性，但在关于“谁更重要”的问题上，他们却倾向于强调自己的角色，追求自己“部落”的小团体利益，消耗过多精力来建立权势等级。在科学界，任何定义的抉择都不仅是“文字游戏”那么简单，它还决定了谁能成为手握权势的领军者，因此也决定了在这个“自我强化”的过程中，谁能在科学竞技场中聚拢资源，产生更大的影响力。

正如前文所述，化简者与构造者的划分，与科学和工程学的划分、纯科学和应用科学的划分，或者理论和实验的划分都不一样。在美国和日本的工程部门中，较为常见的是构造者式的科学；而在英国，设备的创新通常发生在物理学或化学部门。人们将自己视为科学家还是工程师取决于他们所受教育的文化或他们在现在的工作文化中的地位。正如其他所有刻板印象一样，你越明察秋毫，越能发现这些边界是如此模糊。工程学的科研人员可能正在追问产品性能的基本问题，而理论数学家可能会为互联网设计具有实用价值的加密方法。诚然，工程师通常都是构造者，但更多构造者可能并不会将自己视为工程师。构造者在科学领域分布极为广泛。只要是人类能用创造力来解决问题的地方，都能看到他们的身影。

外界如何看待？

在某些学术环境中，一个科学家研究的课题越“纯科学”，其所受的敬重就越高，但私营企业中，情况可能正好相反。那么，公众如何看待科学界的等级划分呢？科学界内部的等级偏见似乎“泄露”到了外界，因此，大众对这种等级划分的情形似乎并不陌生。公众通常认为，科学主要是化简者对基本问题的探索。在这种探索过程中，富有价值的技术以某种方式出现了；我们不仅认为这些技术是有价值的，而且认为它们必然会降临。科学与技术是如何联系起来的？这个问题在公众的眼中十分模糊。人们对构造者们视而不见。想要了解化简者与构造者在公众眼中的区别，只需要对比一下化简者艾萨克·牛顿和与他同时代的构造者亚伯拉罕·达比（Abraham Darby）的名气，你就明白了。即便到了现代，科技梦想家与集成者（比如史蒂夫·乔布斯和比尔·盖茨）所受到的尊敬程度也远远超过那些真正让技术变成现实的构造者科学家。即使是初入学术界的学生也抱有这种态度。他们被“探索世界”的俗套老话吸引，各种“促销”口号互相竞争，试图赢得他们的心。只有经历几年的刻苦学习之后，那层浪漫的外壳逐渐褪去，呈现出糟糕而凌乱的本质，真正的科学才开始向年轻人闪烁微光，吸引他们靠近（但这种吸引力可能依然充满了误导性）。奇怪的是，所有这些观点无法构成一个中立的立场。因此，论及尼古拉·特斯拉或阿兰·图灵这些人的真正贡献时，人们常感觉混混沌沌，讲不清楚。

在公众眼中，科学主要是化简者的工作，而技术则是工程师干的活儿，但却不清楚构造者式的科学要做些什么。但构造者们显然视自己为科学家，他们的动力来自创造新事物的欲望，以及那些新造物之美。从数量上看，构造者至少和化简者一样多，但他们并不像化简者那样簇拥在“大挑战”的周围；他们在社会中的分布就像掌中砂砾一般，如若握紧拳头，就会从指缝间纷纷滑落，而不像石头一样能紧紧握在手中。化简者们常觉得他们才是“真正”的科学家，但是，当他们游说社会对他们进行投资时，却不忘提到他们的成果可能带来什么产品。实际上，那些产品大都来自作为中间人的构造者科学家。化简者与构造者之间的紧张局势影响到资金的投入总额。理解个中纠结能帮助我们更好地估算不同的科学群体对社会资源的不同需求。

在本章中，探讨该问题的另一个方法是从历史的角度，将科学视为一个“生态系统”。这个比喻会贯穿本书。我之所以使用这个比喻，是为了将其作为探索和理解科学事业的媒介。接下来，我将介绍一些有关生态系统的思想，并试图将其与科学的组织方式联系起来。在后面的章节里，在探讨“科学的真相”之后，我们将回到这里，从“生态系统”的角度来观察科学的整体。

生态系统是什么？

生态学家研究的是生物的组织与丰富程度，以及它们如何在彼此的关系与交互中出现与进化。为某个生态系统划定一个区分内外的边界难免落入武断和随意的陷阱，但这个边界越简单，该生态系统就越清晰，对其进行研究也就更合乎情理。在生物的生态系统中，能量与养分在其组成部分之间的循环是非常重要的。几乎所有生命都仰赖洒遍大地的阳光。这些阳光被藻类与植物体内神奇的绿色分子吸收，一点一点逐步散播到生物界的各个角落。

想要在科学的生态系统中讲述同样的故事，我们必须将所有参与者考虑在内。除了数量巨大的科学家之外，我们还应当考虑投资人、科学期刊、科学媒体（比如杂志或博客），以及科学协会、科研机构，甚至包括看重研究的企业，它们的数量并不少（如图 2–7 所示）。科学家在这个生态系统中进进出出，因为他们除了科学家的身份之外，还是纳税人，支持慈善事业，购买支持科学的商品。但与其他人不同的是，他们的职业生涯紧紧根植于这个生态系统，与外界的广大公众相隔离。

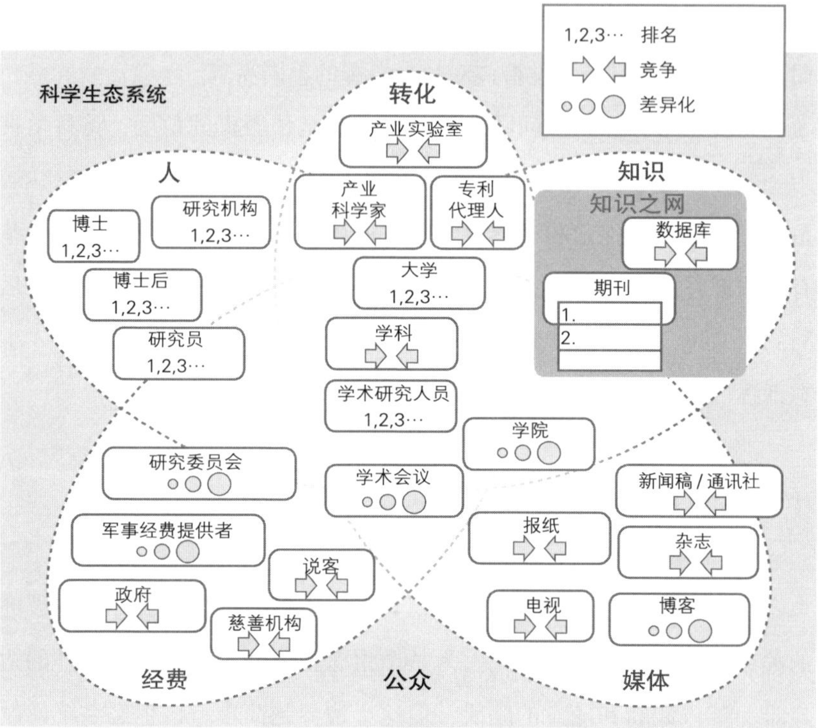

图 2–7　科学生态系统中的角色。每个“物种”内部都存在竞争。一些“物种”内部形成了明显的等级划分（“1，2，3…”），比如高校。还有一些“物种”内部的竞争十分激烈（箭头），但说不清谁夺得头筹，比如说客。还有一些“物种”内部的差异化程度较高，竞争不那么直接（圆圈），比如工程或医疗等不同领域的研究经费提供者

不管其规模大小、重要性高低、构成如何，所有参与者的行为都好似生物一般，他们做出的决定取决于他们对周遭世界的影响与交流。在科学的虚拟世界中，有些影响是很近的，而有些影响并不直接，需要通过一系列中间媒介才能发挥作用，这样就在整个科学生态系统的周围构筑起了一道留有少许孔隙的围墙，物质的流入或流出时有发生，使其内部保持着一种可见的动态平衡。

科学的阳光

如果说生物的能量源泉是阳光，那么科学的能量源泉是资金吗？显然，从支持科学研究本身，到建造基础设施，供养期刊和媒体，以及培育新兴科学家，任何事情都需要钱。金钱是科学的基本投入之一，从这个角度看，我们确实可以将“资金”视为科学的“阳光”。它是科学的重要能量来源之一，但并不是唯一来源（如图 2–8 所示）。

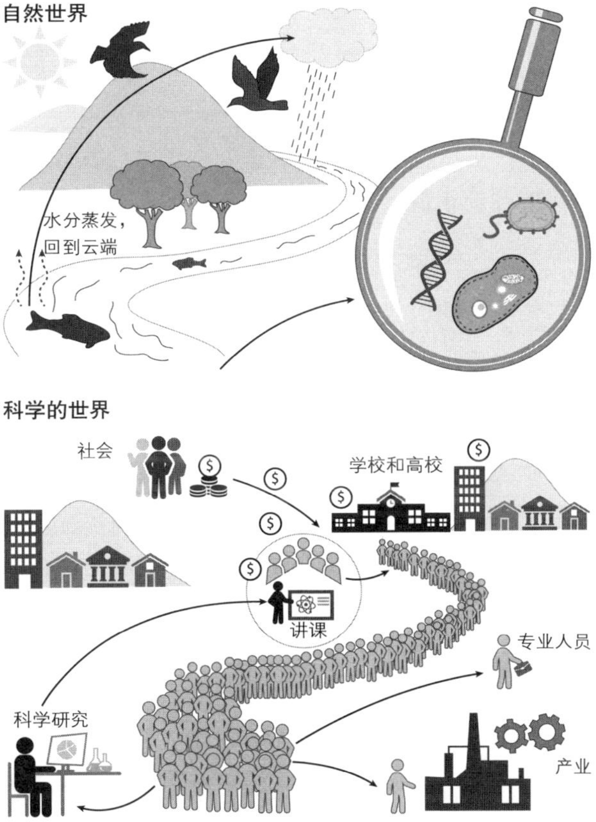

图 2–8　自然生态系统与科学生态系统

处在食物链底端的生物过滤和吸收太阳赐予我们的慷慨馈赠——阳光。植物和藻类竞争着阳光，但它们学会了从彼此那里“凿壁偷光”。于是，森林顶部形成了冠层，海洋时有藻类泛滥，进而影响了进化的历程。天上不会掉馅饼，也不会自动掉下金钱，因此，在我们广大的社会中，科学的资金主要来源于税收、企业利润、投资和捐献。地球在绕日轨道上运行时会有几个百分点的振动，这对地球吸收的阳光量有影响，但影响甚微。然而，科学生态系统的重要能量输入——资金的波动却很大。从全球来看，过去几个世纪以来，对科学的原始投入一直在持续增加。

生态系统的资源

在生态系统中，营养物质的循环非常重要，直接制约和塑造了每个地区的植物群和动物群。水、碳、氧、氮和磷所构成的重要的“生物地球化学循环”（bio-geo-chemical cycles）取决于规模小至分子、大至山峦的生物化学与地质过程。该循环中的任何一个组成部分出现短缺，都会极大地阻碍生命的繁荣，只剩下对恶劣环境具有特殊适应性的物种占据着一些生态位。能累积最多资源的生物最有可能兴旺繁荣，这导致了它们对养分的激烈竞争。

而在科学的生态系统中，“养分”代表不同的资源：人、基础设施和形式化结构（比如清晰确定的职业路径或者定期举行的学术会议等）。接下来，我将对它们一一进行介绍。

人是科学的血液与命脉。他们年轻时对科学产生了热切的兴趣，通过各个学科的训练，成了研究者、演讲者、作家、电影制作人、编辑、审稿人、会议组织者、委员会成员等等。这些新鲜的人力资源直接成长为功能明确的角色，分布在各个组织和机构中，而在这些组织和机构中，他们又形成了其他角色。

基础设施是来自历史的遗赠，包括高校、同步加速器、望远镜、显微镜和数据库等部分。在此基础之上，人们构建起了科学的大厦。基础设施的硬件部分是固定在地面上的，极不均匀地分布在地球表面，难以发生快速改变。电力基础设施或许在全球各地都能接入，但从局部来看，它们却牢固地嵌入了各种研究所和机构的内部。人力资源可以自由流动，但却受限于他们的花销和技能。

形式化结构也是形成于过去，它们让系统有效地运转。比如，你如果想成为一名科学家，就必须遵循一条已被全世界广泛接受的明确路径——攻读博士学位。授予博士学位的标准早在中世纪就已在各个行会中建立起来了。再比如，如果你想发表科技论文，就必须经过同行评议。这种同行评议系统也有悠久的历史，它与启蒙运动时期的自然哲学家在对好奇心的形式化追寻出现之后建立起来的系统极为相似（我们将在第 4 章探讨这个话题）。但这些机制与自然生态系统中的养分有所不同，因为这些机制作为资源数量并不是有限的，而是可以被自由复制的。正如基因可以在不同物种之间跳跃，从而让更多生物具备更好的适应性一样，这些有用的工具也能“演化”成一套思想，或口耳相传的概念，通常被称为“模因”。科学生态系统中的每个部分都有一套自己的“模因”（也就是它的“模因组”），它们和平共处，并将那些不合时宜的思想踢出去。

但是，并不是所有东西都能被复制。每个国家授予的科学学位的数量取决于这个社会在科学教育和科学训练方面的投入有多少。由于资金是有限的，这成了科学生态系统的一个瓶颈，限制了未来科学家的总数量。这些“养分”的输送对一个生态系统来说至关重要，它既能创造资源，也能对资源进行循环利用。

科学的栖息地

在自然生态系统中，一个种群周遭的物理环境组成了它的栖息地，包括土壤、空气、水以及外界环境的影响，比如气候和地形。在科学生态系统中，研究机构是科学的“栖息地”中的一个重要特征，因为许多科学家都深深根植在高校或涉猎广泛的企业中。正如岩石的特征决定了什么植物能够在其上繁衍生息，对科学家来说，不同的高校拥有不同的特征，而这些特征决定了它们是否有助于科研。

高校对名气的竞争在全球愈演愈烈，这让高校越来越意识到彼此的存在，并对彼此做出越来越多的反应。在过去，机构内部具有各种各样的微观“栖息地”，它们决定了人们对科研的态度，并产生了各种支持科研的不同方法。不同的国家中可以形成规模更大一些的栖息地，将不同类型的高校、学术职业、投资机制或公众的尊敬度和曝光度包含在内。但是，近几十年来，科学家所在的高校的地理位置变得越来越不重要了。同样，由于全球化，企业也开始不那么在乎在何处建立研究实验室，这消除了不同文化（比如日本和美国）之间产业创新的差距。栖息地的加速合并导致了多样性的降低。不同地域的科研方式变得越来越接近，比历史上的任何时代都更加趋同。

政治气候能极大地改变科学的自由度与经费开支，它决定了科学研究的时间、地点以及在科学的不同领域中投入多少。人们常用千变万化的天气来比喻政治形势，比如干旱、风暴、龙卷风和洪水，这些比喻也可以用来形容科学的政策气候。虽然政治思想会被科学进程改变，但这种改变十分缓慢。比如，“气候变化”是科学生态系统中的一个话题。在该话题下，科学家做出了一些长期预测，但是这些预测对政治辩论的改变十分缓慢，相关的政策行动更是远远落后。因此，在大多数情况下，“政治气候”只是科学的“外部因素”。在划定科学生态系统的范围时，我们不一定要将主流政治及其与科学的互动放进科学生态系统中。对科学投资的原则一直在演化，而这个演化过程决定了科学界的未来方向，以及人们最看重过去的哪些科学成就。

科学生态系统服务

生态系统为人们提供产品与服务。生态系统的产品指的是那些看得见、摸得着的产品，比如食品、木料或石油等实用品。生态系统的服务则不那么具体，也不一定具有实在的形态，但却带来了实际的益处和改善，比如保持大气层中的氧气、清洁空气和水，或对作物进行授粉。还有一些生态系统服务更加看不见和摸不着，比如荒野、遮天蔽日的森林和高原沙漠带给人们的美感与启发。资本主义常低估生态系统服务的价值，这是资本主义的一大问题。人们认为这些服务是理所当然的，不知珍惜，直到它们被破坏殆尽，走向崩溃。

将这些概念放到科学生态系统中，我们可以区分出两种产出。第一种是有形的产出，比如新科技、改良的药物以及技能培训。第二种是无形的产出，也就是科学生态系统提供的服务，比如，科学加深了人类对周遭世界、地球以及整个科学框架的理解，让我们可以理性地解决社会问题和政治问题，并改善各个国家之间发展的不均衡。同时，它还包括我们珍视但却难以言说的许多东西：数学之美、教育内在价值的深层动机、跨国科学界的内在价值、科学共同体内的学术讨论等。我们可以将科学生态系统提供的这些服务称为“SciES”。它们的价值被低估了，并且总是被投资人和政府视作理所当然（如图 2–9 所示）。

自然 | 科学
生态系统

太阳 | 英镑、美元、欧元
降雨 | 人
土壤 | 自由
养分 | 基础设施

固碳 | 知识的巩固
腐殖循环 | 改变的循环
基因 | 模因
适应性 | 品牌

气候 | 政治
天气 | 科学趋势或流行话题
栖息地 | 机构
生物多样性 | 多样性

生态系统产品 | 科技、科学知识、培训
生态系统服务 | 美、理解、启发
生态恢复力 | 惯性、同行评议
生态抵抗力 | 体制化

图 2-9　生态系统从自然世界（左栏）到科学世界（右栏）的转换

稳定与改变

人类之所以越来越关注生态系统，是因为我们对地球生态圈造成了太多显而易见的改变。科学家们着重研究那些脆弱的生态系统，试图理解其背后的原因。一个稳定的生态系统应具备抵抗力，也就是说，当其受到扰动但平衡状态改变不大时，该系统能够抵抗这种改变。同时，一个稳定的生态系统还应当具备恢复力，也就是说，它能迅速回到被扰动之前的状态。一般而言，科学生态系统对改变的抵抗力通常相当强，但是不同科学领域的恢复力却明显不同。物理学家能在物理学的子领域间迅速来回：他们总是受到新资金的诱惑和学术兴趣的驱使而踏入其他领域，比如工程学、化学、生态学、生物学和神经科学。材料科学家也受到同样的诱惑，但是在不同的国家，他们受到的诱惑程度不同。美国的材料科学家拓展兴趣领域的速度最快，远远快于其他国家。相比之下，化学界则具有一种独特的文化——100 多年来，化学缓慢地演化与发展，逐步形成了一些正式分支，比如无机化学、有机化学和物理化学，但这些领域之间的碰撞却十分罕见。

这种对改变的抵抗力和恢复力塑造出了科学的许多特性。尽管科学家们总是声称自己的积极性源自好奇心，但他们却对“胡萝卜”和“大棒”的反应十分迅速，这主要是因为科学家们总是各自打算，而非作为一个集体来做决定。与此同时，投资者、出版商、学术团体、会议委员会和其他组织角色的反应非常缓慢，正是因为他们是集体而非个人。他们获取资源的方式十分单一，主要是以竞争的方式。因此，科学生态系统各个部分行动的时间尺度参差不齐。对科学家来说，他们所在的精英机构行动速度似乎异常缓慢，这使他们十分沮丧，甚至视其为耻辱。大公司也是如此。正因如此，科学家时常感到无能为力，因为他们感觉自己受制于系统，无法自由行动。

多样性

生物多样性总在不断变化。当一个缺乏天敌的物种入侵，战胜其他物种并侵占它们的领地时，生物的多样性就会降低。疾病也会毁坏生物多样性，尤其是当杂交繁殖缩小了基因库，导致整个种群极易受到灾难性感染的影响时。意想不到的是，如果进化的速度过快，也会降低生物多样性，因为在这种情况下，会进化出一些极为相似的不同物种；尽管它们属于不同物种，但却没能进化出崭新的生存模式，而是彼此竞争同样的资源，从而降低了生物多样性。生物多样性的抵抗力和恢复力至关重要。

达尔文式的竞争

我写这本书的动机是用不断演化的生态系统来描述人类构建的科学研究世界，但我们应当对这个类比保持质疑，因为它可能会带来某些误导。和自然界一样，科学生态系统的许多特征都来源于竞争，因为只有竞争中的优胜者才能生存和扩张。进化论中有两个协同运转的思想："适者生存"和"兼并传衍"。在前者中，竞争体现在物种与环境的互动过程中——不同的物种拥有不同的优势和劣势，环境对不同的物种配给不同的养分。在后者中，竞争则体现在基因上，这是物种的造物蓝图。生物亲代与子代的基因几乎完全相同，但基因突变和有性繁殖对其进行了少许修饰。只要这些修饰对生存有利，它们就会代代累积。

我们没有创造科学家的"蓝图"。科学家的子女也不一定会进入相同的领域（不过，科学家的后代更有可能成为科学家）。但我们依然可以看到一些与基因遗传类似的现象。比如，科学家在实验室里向年轻的研究者传道授业。除了知识以外，这些年轻人还会学到年长科学家的研究风格、研究态度和研究兴趣，但进行了一些微妙的改变。学术期刊也会创造出与自己类似的"后代"。提供科研经费的机构常经历清算、分割或重组，但通常情况下，许多原来的员工会留下来，从而将原来的文化传承下去。对研究机构而言，虽然不存在类似"基因"的东西来指导人们如何建立一个研究机构，但是，它们"后来者"的体制都遵照几乎完全相同的"模子"来建立。这种现象与"基因表型"十分相似。这个现象来源于人类组织的保守天性。尽管缺乏正式蓝图，人们心里对"某些事情应该如何完成"却有着既定的标准。对人类来说，想要冲破常规、违背经验是很难的。对意欲创新的科学家来说，这更是难上加难。

让我们再次回到"什么是科学"这个问题。我提到的"弗拉斯卡蒂定义"十分准确，它强调，科学研究就是那些为增加科学知识而进行的具有新颖性、系统性和创造力的工作。按照这个定义，科学家的总数一直在持续增长。只要我们一如既往地重视新一代科学家的教育，那么科学家的数量到下个世纪将增加两倍。在本章中，我介绍了化简者和构造者对科学事业的贡献（后者的数量更多），二者聚焦的方向和目标有所不同。我还介绍了交错纵横的科学世界是由各类角色所组成的，包括数量众多的人和机构等。我采用了一个行之有效的比喻——“生态系统”来描述科学世界的运转及其内部角色之间的互相竞争。这让我们形成了一个概念，稍后我们将看到这个概念会非常有用。接下来，我将开始对这个生态系统进行探索。首先，请和我一起来看看科学家的动力来自何处，以及为什么这对我们的社会大有裨益。

第3章

科学的驱动力

科学的目的是什么?

是什么激励科学家从事科学事业？每个科学家的答案都不同，这取决于他们在科学生态系统中的处境。在本章中，我们将清楚地看到，许多科学家最初选择科学事业，都没有明确的终极目标。通常情况下，科学家的原动力来自好奇心。在他们追逐好奇心的过程中，催生了新技术，从而让更多的科学研究成为可能。这形成了一个良性循环，将科学的各个部分连接成一个整体。

本章伊始，我将探讨在不同的国家中，化简者科学家与构造者科学家扮演了怎样不同的角色。接下来，为讨论好奇心如何驱动科学研究，我将分析科学界的一个重要荣誉——诺贝尔奖，以此来探讨关于科学的动机和实用性的问题。

化简者与构造者，哪个更多?

化简者想理解这个世界的自然科学系统。构造者想用这些知识来整合新的科学领域。要想对科学生态系统有所了解，就必须了解在这二者中，谁得到的支持更多。科学界外部的世界总是认为大多数科学家都是化简者，实际上，是不是构造者的数量更多呢？想精确计算二者的数量是不可能的任务，一部分原因是每个科学家在人生中的不同时期可能受到不同问题的驱动，因此在不同的阶段可能扮演不同的角色。即使在同一个科研领域中，新的理解可能会很快带来新的实用机会。同时，反向的过程也十分常见。比方说，一个构造者式的科学领域可能不断涌现新的特征，让化简者们充满好奇，想要理解得更加透彻，从而让这个领域成了化简者的关注焦点。

有时，科学家只需读一读一项研究的摘要就能判断它属于化简式还是构造式科学，但这个任务极难被自动化。我们可以大体上假设，产业中的科学家大多是构造者，因为他们的目标是创造新产品。在不同的国家，产业科学家所占的比例也不同，在美国大约为 80%，在西班牙和英国大约为 35%（如图 3–1 所示），而在全球的比例约为 61%。由

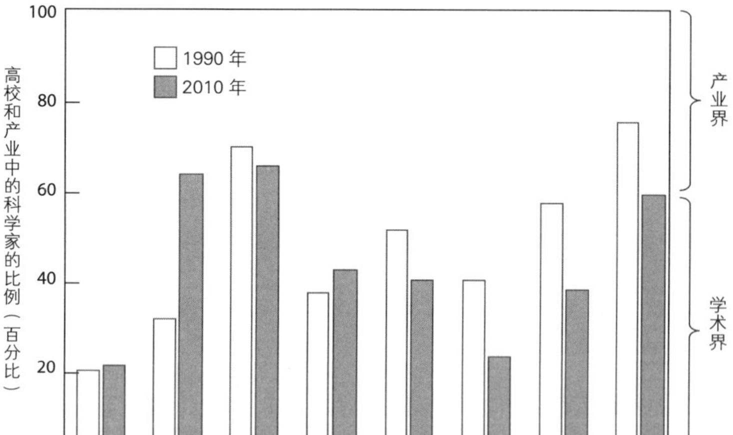

图 3–1　1990 年和 2010 年各个国家分布在学术界（下半部分的柱状结构）和产业界（剩下的上半部分）的科学家的比例

此看来，似乎超过一半的科学家都是构造者。

要了解构造者究竟比化简者多多少，我们必须了解高校中化简者与构造者的构成，但这并不是一件容易的事。一种方法是，我们或许可以先记录各个院系中学术研究者的数量，然后将院系划分为化简式或构造式，再进行加总。或者，我们也可以从单个科学家出发，用他们发表论文的期刊来判断他们从事的是化简者式还是构造者式的科学（或者，他们工作的哪一部分符合化简者或构造者的标准）。但问题是，许多期刊都同时刊载化简者和构造者两种类型的“论文”（指较为简短的科学报告）。因此，我们必须想办法区分两种论文，分别探索其背后究竟是什么问题在激励和驱动着它们——是对自然世界的探索，还是新发明创造。

诺贝尔奖的标准

一个可行的方法是从科学界抽取一个子集作为样本，这个子集的规模必须足够小，小到足以进行细致研究。在这里，我选取的样本是过去60年中的诺贝尔奖，包括诺贝尔物理学奖、诺贝尔化学奖以及诺贝尔生理学或医学奖。我想要看看，对这个子集进行分析是否能呈现科学变化的趋势。尽管诺贝尔奖只授予科学共同事业中数量极少的个人，但它强调了科学“连续剧”中的一些亮点时刻，并奖励那些多年来持续不断投入精力的杰出者。

首先，我想要说明，我并不认为诺贝尔奖对科学家具有多大的激励作用，因为诺贝尔奖的荣誉只属于各学科中“对人类做出最伟大贡献”的少数科学家。诺贝尔奖的评选通常需要在各领域中顶尖的探索者与剩下的所有科学家之间划清界限。问题是，我认为科学是一项人人互相连接的集体事业，没有人是一座孤岛。即使是最杰出的科学领袖也得依赖前人取得的进展和其他人的奋斗。一些活跃的科学前沿领域根本找不出三个毫无疑义地被公认为该领域创始人、理应被授予诺贝尔奖的科学家（每年每个种类的诺贝尔奖最多只能授予三个人）。因此，我认为诺贝尔奖夸大了少数英雄的贡献而忽略了科学家集体的力量，只强调少许闪亮的时刻而忽略了科学故事的连续性；与此同时，它强调简单的故事而忽略了复杂的事实（如图 3–2 所示）。

然而，诺贝尔奖也有许多好处。它让普通人得以了解一些非常有趣而活跃的科研领域，并对一些多年来坚持不懈的科学家进行奖励——诺贝尔奖所奖励的科学突破平均发生在 20 年前。到评奖的时候，该领域的科学家们早已度过了最初的震惊阶段，真正搞明白了该突破到底有没有用，如果有用，要怎么用。过度膜拜胜者的人们沉迷于讲述

图 3–2　每年，诺贝尔奖颁奖典礼从生理学或医学（右上角）、物理学和化学（右下角）研究者中分别选出最多三个人，作为最有贡献者。图片来源：诺贝尔传媒 / 亚历山大 · 穆罕默德

个别科学家的故事，戏剧性地呈现科学故事。这种曝光能让人们意识到“过去对科研的社会支持”和“该支持带来的长期结果”之间的联系。因此，诺贝尔奖是科学生态系统提供的一个服务，如果没有这个服务，我们将做不到这么好。

分析整个“诺贝尔奖阵容”有一个好处，那就是能让我们每隔一段时间就对各个学科的重要科学发现进行“检阅”。接下来，我将挖掘过去 60 年的诺贝尔物理学奖、化学奖以及生理学或医学奖，看看从中能了解到科学家的什么动机。你可能会同情地认为，阅读几百份在我专长领域之外的科学突破并不是一件容易的事。因此，你可能会假定，要消化这些知识，总免不了囫囵吞枣，流于表面。但是，分析这些研究项目最初的动机却是完全可行的——它们要么是为了揭开关于自然世界的某些科学真相，要么是为了创造出宇宙中前所未有的东西。只有少数项目二者兼有（或者讲不清楚属于哪一个），因此我认为，据此进行的统计是相当可靠的。有时，同一个诺贝尔奖涉及几个不同的领域。对这种情况，我将区别对待（因此，在统计时，每个领域中的奖项数量实际上多于 60 个）。关于年份，我只将 1952 年之后的诺贝尔奖纳入考虑范围，因为那正是现代科学即将起飞的时间点；同时，我会将最初 30 年与最近 30 年的数据进行比较（由此带来的统计误差约为 3%）。

首先，我们来看看诺贝尔物理学奖，它实际上包含了工程学和材料科学的许多部分。我们发现，1952 年到 1981 年，四分之三的诺贝尔物理学奖获得者属于化简者，但是最近，构造者打破了这个比例。1982 年到 2011 年，构造者的数量占到了一半以上（如图 3–3 所示）。尽管关于宇宙如何运行的一些基本问题已经解决了，但物理学并没有停下脚步。相反，通过创造出具有完全不同性质的令人惊叹的新竞技场，人们开辟了富饶的领域，它们显然是人类的创造。让这一切成为可能的技

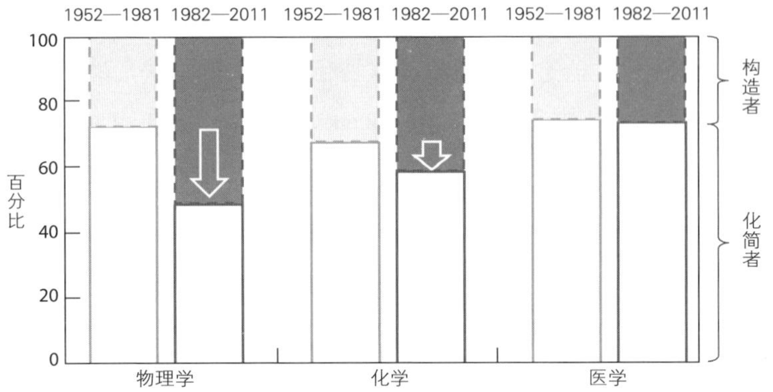

图 3-3 诺贝尔奖在 1952—1981 年和 1982—2011 年两个时间段中化简者与构造者的比例

术主要是在 20 世纪下半叶发展起来的。这个趋势很可能还将持续下去。可以预见的是，丰富多彩的新领域将不断出现，但化简者会越来越少（不过他们将依然受到更多的关注）。

诺贝尔化学奖从材料科学到生物化学，涉及的范围十分广泛。在早期，诺贝尔化学奖获得者的构成与物理学奖很相似。一些新的化学领域（例如研究组成橡胶和塑料的长链分子）早在 19 世纪就建立起来了，因此，化简者占尽先机。然而，化学向构造式科学的转变却比物理学更加缓慢，在过去 30 年里仅上升了三分之一多一点。想要理解个中原因，我们可以来看看生物化学。近年来热度有所上升的生物化学依然在研究生命微观机制的最基本原理。因此，第二波基本问题已经被提出，化简者们任重道远。

在生理学与医学领域，化简者更占优势。获奖者中有四分之三都是化简者。这个形势在过去 60 年中几乎没有任何改变。在这个领域，从细胞到人类疾病，有太多关于生命的谜题等待我们解开。基因组学和蛋白质组学开启了一系列亟待探索的新问题。

得到认可是需要时间的。一个关键性研究突破从发表到摘取诺贝尔奖平均需要等待 15 年左右，并且这个时间越来越漫长。目前，物理学的等待时间是 25 年，化学和医学的等待时间是 20 年。杰出的科学家与日俱增，他们排着队等待诺贝尔奖的认可；与此同时，各学科涉及的范围日益拓展，一个科学发现渗透到各个领域的时间也日渐增长。因此，人们需要越来越长的时间来理解和判断某个成果是否算重大突破。总的来说，20 世纪 90 年代，各个学科都在纷纷研究许多基本问题，但它们都相对容易，还未达到“重大突破”的层次。但有一个值得注意的趋势是，随着科学家在不同规模和层次上对复杂系统的控制力日渐提高，“构造式”程度越来越高的科学探索在整个科学领域中赢得了越来越多的注意力和尊敬。

构造式科学日渐崛起。本着科学的名义，它们在科学事业中所占的比例也日益增加。因此我相信，构造式科学将得到越来越多的认可。即使在生物科学领域，也有越来越多的研究致力于控制、构建和创造以自然世界的发现为基础的新融合，并且力度越来越强。回到关于“化简者与构造者几几开”的问题，我们可以用不同学科中诺贝尔奖获得者的数量来进行估计——构造者与化简者之间的比例为 40∶60。但这个比例没有考虑诺贝尔奖评奖过程中存在的偏见（比如说，它更加青睐对基本原理的研究），也没有考虑诺贝尔奖在时效上严重滞后的问题。面对目前的科学家，我们应当将他们视为“充满创造力的构造大师”——他们从虚无中创造出旷古未有的新事物。数量上的优势，可能带来截然不同的结果。

画地成图

在任何领域的早期，人们对相关的自然知识了解甚少，大多数人都聚焦在化简式的科学研究。随着时间的推移，人们揭开了大自然的神秘面纱，对其基本原理的理解越来越透彻。如果这些知识可以继续推进，那么，该领域的发展路径就会逐渐偏向构造者。早期的化简式科学可能会带来巨大的进步，创造出令人惊讶的新系统，对社会产生重大的影响。某些化简式科学可能只会带来更多化简式科学，而无法引出其他类型的探索，因此只能局限于一个特定的领域。

那么，不同学科的发展路径是什么样的呢？大部分科学研究对整个科学世界并没有很大的影响。一些研究方向很难直接用来构建新知识，例如粒子物理学中的弦理论。一些研究项目只产生了微乎其微的影响，提升了我们构建新系统或新技术的能力和知识，向构造者的方向微微推动了一点。而具有诺贝尔奖潜力的科学项目可能产生于任何学科，它们非常罕见，但是影响巨大。

随着时间的推移，强势的科学领域通常会逐渐趋向构造者式的科学。与此同时，这个过程中往往会产生一些新技术，能让化简者们进一步展开研究。20世纪中期对超导体（在极度低温下传导电流时不损失任何能量的金属）的研究让人们发出疑问：这些无损耗状态究竟是怎么产生的？对这些问题的探索为我们带来了一些基于合金的复杂材料，它们包含一些重要的缺陷，能够支持极高强度的磁场。将这些材料制成线圈，就可以作为产生高能粒子的弯曲电磁铁。位于日内瓦的欧洲核子研究组织用这样的电磁铁来使高能粒子得以旋转、加速和对撞，在电光石火的闪烁中揭开新物质的奥秘。我们体检时使用的磁共振成像（MRI）扫描仪也用到了同样的电磁铁，用来获取我们身体深处的图像，也用来扫描大脑，绘制思想的“地图”。这是高影响力科学研究的标准周期。它们延伸出的方向能覆盖非常广阔的范围。

无独有偶，在生命分子的研究过程中，也可以看到同样的故事。人们研究那些将生命分子组合在一起的异常化学反应，研究它们如何解码生命的信息，以及那些分子组成的链条如何变成有用的蛋白质。这些基本问题的研究催生了更快的基因测序方法——今天，这是一项非常重要的技术，被广泛用于各种化简式科学。比如，它可以帮助我们理解一个卵细胞如何发育成拥有一万亿个细胞的哺乳动物，或者我们的免疫系统如何发挥作用。对这些影响，科学家们心知肚明，而正是这些科学家在提名和抉择诺贝尔奖得主。科学家们能够同时意识到化简式科学与构造式科学的价值。

领域之兴衰

我对诺贝尔奖的“深度扫描”向你展示了每个奖项在内部不同领域之间的摇摆。在物理学（以及工程学）领域，在 1950 年之后的 30 年中，“权倾朝野”的主要是粒子与原子物理学的许多发现，它们在诺贝尔物理学奖中占据了超过三分之二的份额。而到了 21 世纪，它们却大大失势。与此同时，天文学的份额翻了一番，基于材料学的固态物理学获奖的次数增加了一半以上，成像方向的研究（比如扫描探针显微镜和电子显微镜）开始获奖。整个过程中，化简者在粒子物理学和天文学领域的地位首屈一指。而在原子物理学、光学和固态物理学等领域，构造物理学得到了发展并占有一席之地——这些领域被称为“基于实验室”的科学，主要由规模较小的团队在休息室大小的实验室中进行。

20 世纪 50 年代，诺贝尔奖中几乎有一半都是颁发给理论方面的进展，但是最近，这个比例下降到了四分之一以下，因为基于实验的研究带来了一些令人震惊的结果，产生了更大的影响。物理领域中也发生着同样的变化，在美国，理论学家只占三分之一的比例了。实验物理学之所以崛起，是因为科学界的流行趋势在引领着潮流，这也可以称为科学的“花车效应”，我们将在之后的章节中讨论这个问题。的确，扎实的理论为物理学打下了坚实的基础，但它们无法预测各个方向会出现什么新突破。相比之下，机缘巧合、直觉和巧妙的实验在诺贝尔奖获奖研究中扮演了更加重要的角色。

当他们功成名就之时，几乎所有的化简者都能得到高校的支持——社会具备基本的好奇心对他们的研究来说至关重要。但是，获奖的构造者们平均分布在高校与企业中，二者各占一半，这个现象反映出他们研究的实用性，也反映了这类研究显然是一门基础科学。在后面的章节中，你将看到，企业支持基础性研究的一个原因是为了荣誉和塑造“高科技”的形象，以及为公司招聘杰出的人才。近期，一些聚焦基础科学研究的大型企业实验室纷纷倒闭。这个趋势将不可避免地减少产业界向诺贝尔奖输送的血液，但并不一定减少总体上对科学的贡献。

在化学（以及生物化学和材料学）领域，研究分子性质（比如分子的黏性以及它们的混合方式）的物理化学一直是失败者。从 20 世纪 80 年代开始，这个领域逐渐从诺贝尔奖的获奖名单中消失，而那些关于化学反应机理的获奖者则减少了一半。与此同时，有机化学和生物化学则追赶上来，如今占到了诺贝尔化学奖四分之三的份额。化工原料（也就是生产日用化学品的原料分子）和药品的高效反应具有很高的商业价值，因此，与之有关的发现产生了巨大的影响。与此同时，指挥细胞运行的精妙的分子编排技艺驱动着越来越多的技术进步。这个现象从化简者在生物化学领域的支配地位上可见一斑。如果一名有机化学家荣获了诺贝尔奖，那他很有可能是一名构造者——因为他们的主要工作是创造新东西。

我想要强调的是，一个领域没有诺贝尔奖并不意味着这个领域十分衰败，也不意味着它发展缓慢，而只意味着在这个领域中找不出一些具有巨大贡献的科学成果是由少数几个极其杰出的个人做出的。如果科研经费只发放给可能获得诺贝尔奖的领域，那么，科学之网将漏洞百出，重要之处却空空如也，无法自圆其说。科学并非如此。

在诺贝尔化学奖中，实验性研究同样占据主导地位。目前，理论研究在诺贝尔化学奖中的比例已经减半，只占到六分之一的份额。新兴科学并不总是来源于理论研究。了解化学反应为何发生和怎样发生并不能帮助我们预测有效的合成路线或者遗传信息是如何转录的。但二者的比例也反映了理论化学家与实验化学家数量的悬殊——实验化学家在数量上远胜理论化学家。

化学在 19 世纪末曾是先驱科学领域之一，极大驱动了产业的扩张，因此，你可能会认为企业理应是化学领域的强烈支持者才对。但事实上，超过三分之二的诺贝尔化学奖来自高校，只有不到 10% 来自企业（只相当于物理学数据的一半）。看起来，化学和生物化学企业的大型实验室中进行的研究似乎无法像物理学和工程学的企业实验室那样对整个领域产生重大的影响。不过，同物理学一样，在化学领域，随着构造式科学的影响力越来越大，企业实验室在过去 30 年中所扮演的角色也越来越重要。

在诺贝尔生理学或医学奖方面，遗传学、细胞生物学和微生物学持续不断地崛起。在过去 30 年中，它们在所有奖项中的比例从略超过一半上升到超过四分之三。对人体生理（主要是指疾病）的研究所占的比例让位给了对生命奥秘的探索。由于这个原因，大部分细胞生物学或遗传学是化简式的科学，而构造者则在微生物学（包括免疫学）和人类尺度的科学上较为成功，它们主要聚焦在寻找疾病的治疗方法上。行为科学我们目前先绕开不谈。几乎所有诺贝尔生理学或医学奖获奖者的工作单位都是高校的医院或研究所（它们的组织方式多种多样）。每个突破都来自实验研究。唯一一个获得诺贝尔奖的理论研究属于 1984 年的尼尔斯·杰尼（Niels Jerne），他经常在不同国家之间奔波。他之所以获得诺贝尔奖，是因为他发现人类的免疫系统能通过组合不同的元素来产生多种多样的抗体（正如他聚集一身的文化大杂烩一样）。医学与生理学的发展甚至早于化学。早在最近半个世纪的科学扩张之前，外科手术就已经在人类健康方面取得了突破。尽管近年来我们对生命微观层面的理解有所加深，获得了一些突破，但它们对人类健康的影响尚未显现。

诺贝尔奖具有实用价值吗？

令人惊讶的是，在那些最后被证明最实用、最赚钱的诺贝尔奖获奖研究中，许多研究的初衷并不是为了实用，而是为了增进对世界的理解，或者只是为了追求知识的兴趣。科学家们总喜欢向科研经费提供者强调这一点。他们越来越担心，如果科研经费的遴选标准是以未来能产生多大实用价值（很大程度上是猜测）为基础，那么，科学产生的真正价值可能会减少。我们不可能对每个人的好奇心都投入重金，因此，投资者很容易受到“实用性”的吸引，但这却可能成为梦幻泡影。

诺贝尔奖委员会在评奖时会广泛征求全球各地科学家的意见，集思广益、斟酌良久，有时甚至会花上 10 年的时间。即便如此，他们选出来的领域有时也会陷入困境，仿佛踏进散沙。从 20 世纪 50 年代开始，在诺贝尔物理学奖获得者中，只有不到六分之一的获奖者在取得突破的当初就已经想好了要怎么使用，但是，几乎一半的获奖研究在后来都取得了很高的实用价值。一个典型的例子是激光。在最初的 30 年里，人们都不知道激光可以用来解决什么问题，但是如今，每台 DVD 播放机中都在使用激光。渐渐地，越来越多的科研突破能立刻显现出实用价值。80 年代以后，这样的研究在诺贝尔奖中数量翻倍，占比达到近三分之一。到目前为止，几乎一半的诺贝尔奖获奖研究都具有可观的利用价值（如图 3–4 所示）。换句话说，早先的化简式科学，目前都得到了构造式的应用，因为今天的科学家们能更好地理解这些成果能用来做什么（或者被迫研究它们的应用）。过去半个世纪以来，几乎一半的物理学和工程学突破都促进了构造式科学的发展，继而催生了新技术。还有一些科学成果渐渐从人们的视野中消失，但是，在韬光养晦几十年之后，它们说不定能够重新崭露头角。因此，对这些点子进行评判

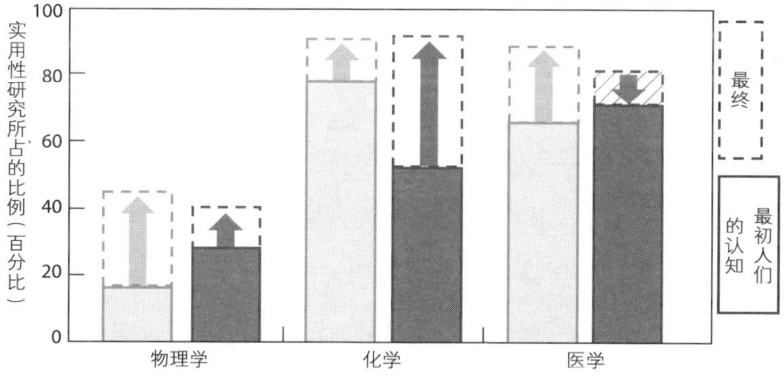

图 3–4 在 1952—1981 年和 1982—2011 年这两个时段，诺贝尔奖的应用在最初人们的认知中以及在最终的付诸实用中（箭头）所占的比例

的一个重要标准是看它是否有趣以及是否具备潜力。

在化学领域，前 30 年拥有显然更大的即时效益。最初，超过三分之二的奖项都具有实用性。随着它们的应用潜力变得越来越清晰，最后展现出实用价值的诺贝尔化学奖比例上升到了 90%，尽管化学领域超过三分之二的奖项都属于化简式科学。那时候，先锋研究者总能清晰地看到他们的研究可能带来些什么。而最近，这些探索者却变得十分犹豫（差不多占到一半），但依然有超过 90% 的研究付诸应用。令人惊讶的是，几乎所有诺贝尔化学奖获奖研究都极大促进了技术进步。这个比例几乎是物理学和工程学利用率的两倍，尽管这些研究在当时并不总是被看好。这个现象也反映在一些正在崛起的研究中，例如面向人体健康诊断与治疗的生物化学，以及在社会中处处可见的材料化学与燃料化学。诺贝尔医学奖的数据也类似，在早期，约有三分之二的获奖研究被视为实用性研究，但后来这个比例逐渐上升到 90%。近年来，超过 80% 的诺贝尔医学奖获奖研究被认为具有广泛的用途，但最终只有 70% 真正产生实用价值。近期，医学方面的发现打入实用领域所花的时间越来越长。在医学方面，从科学发现到实际应用是一个从乐观到低落的过程：突破发生之时，人们充满希望；但随着人类与大自然角力较劲、争相控制生命的过程日渐深入，情况变得越来越错综复杂，令人沮丧。

为了评价一项发明的“实用性”，我采取的方法是评估它是否催生了重要的商业行业。诚然，这些突破对科学本身来说都是有用的，但想要判断它是否对社会具有直接的效用，要看是否有人乐意为其买单。化简式的科学能够直接带来实际应用，比方说，理解胃溃疡的起因能带来适当的治疗方法。然而，在物理学领域，化简式科学通常需要通过构造式探索的积累才能带来实际用途。比方说，人们发现，无线电波可以让盘旋于分子内部的自旋电子发生翻转。这项发现让人们发明出测定不同分子位置的技术，进而催生了核磁共振（NMR）技术。通过进一步完善，人们又发明出了目前被广泛用于人体成像的磁共振成像技术。

对条件苛刻、万里挑一的诺贝尔奖进行一番简单探索之后，我意识到，影响力巨大的构造式科学正在迅速增长。现在，这些最负盛名的“诺贝尔科学”越来越关注实际应用。这个现象不仅反映出人们对科学的理解加深了，科研的动机更偏实用性，还反映出人们的价值偏好以及对科学的选择标准都发生了改变。这些变化反映出另一个更大规模的变革，即整个科学生态系统的变革。这其中最重要的洞察莫过于化简者与构造者的“共生”关系——它们就像科学的阴阳两面，循环往复地驱策着彼此的发展，保持着持续摇摆的合作关系。

或许，诺贝尔奖本身也需要尽快进化。如何更好地认可大型合作团队的角色？我们尚不清楚。这些团队通常由几百个人组成，主管人数通常超过三个（比如欧洲核子研究组织的粒子加速器，或者巨大的下一代射电望远镜“平方公里阵列”）。在某些领域，过去所有的进步都来自屈指可数的少数团队；而今天的趋势是，科研团队的数量越来越多，并且，它们在短期内纷纷做出许多较小的进步。对这些领域，我们应该如何应对呢？还有一些科学领域，它们子领域的数量激增，使其影响力无法渗透到所有领域，只限于本学科的高墙之内。面对这种情况，我们又该如何应对呢？近年来，信息技术迅速崛起，构建科学信息、编织科学之网的方法变得多种多样，这或许会削弱人们对诺贝尔奖的崇拜。

又或许，诺贝尔奖最有用之处是向人们证明了投资“好奇心驱动的科学”的重要性，因为许多科学进步在一开始都缺乏清晰的愿景。还有一件显而易见的事情是：科学家总能将不同领域的科学进步组合在一起，不久之后，便能开启全新的前沿科研领域。稍后，我们将讨论科学生态系统中的经费和职业发展。到那时，我们将会看到，由于竞争的压力与日俱增，人们越发关注研究的实用性。这个趋势在诺贝尔奖的遴选中可见一斑。但是，想要理解科学如何从好奇心的种子中萌发出实用性的果实，我们就必须理解人们是如何收集、筛选和领悟科学知识的。欲知后事如何，请听下章分解。

第 4 章

不发表就死路一条

科学家有了新的科研成果之后，会将其付诸纸笔，发表于世，这样，它们便能被永久保存下去。这是科学界的一个重要组成部分。以此方式，社会获得了科学信息。与此同时，科学家收获名誉，实现了双赢。在学术期刊上发表论文是科学生态系统中一个必不可少的元素。它将知识汇聚在一起，成为一个坚固的知识库，供人们使用。然而，也正是由于它具备开放性和显然的公正性，科学家们饱受竞争的压力，创造出紧密而强力的互动，从而让科学家将地位视为极其重要的事情。

在本章中，我将主要讨论学术界的科学家，因为他们主要通过发表学术论文来获得人们的尊敬。相比之下，产业界的科学家虽然有时也会发表论文，但他们更倾向于将新知识的传播局限在企业内部。我们在后面的章节中将看到，二者的压力来自不同的地方。

为了研究论文发表的概况，首先，我将讨论科学家如何在浩如烟海的知识海洋中寻找值得阅读的内容。这也能解释为什么科学家发表论文的期刊会像畅销书排行榜一样，形成论资排辈的等级次序。在接下来的章节中，我将向你介绍期刊如何选择他们发表的内容，以及他们如何保证其内容的正确性。最后，我将讨论是什么驱动着科学家不断发表论文，以及论文是如何进行系统性排名的，而这些排名又如何催生对科学家职业生涯至关重要的一些指标。本章的主要内容是等级次序如何驱动和支配科学界。

科学家们读些什么科学?

大多数科学家阅读的内容主要是技术文章，它们的长度大约在 3 到 20 页。它们在发表在学术期刊上之前，都经过了一个批判性的评议过程。全球一共有超过 2.5 万份同行评议期刊，每年总共发表超过 100 万篇论文。每位科学家只会阅读其中很小的一部分（可能只占万分之一左右）。你可能会觉得买早餐谷物麦片是一件苦差事，那么，请想象一下，超市货架把整个城镇都包围起来，而你需要从中选择一盒你想要的口味。更要命的是，这个数字每 15 年翻一番（每年增长 5%）。与此同时，科技专利每年以相似的速度增长。面对这种情况，科学家究竟如何抉择呢?

对动物来说，决定如何对信息做出反应是一件极具挑战的事：出现在视野中的东西可能是可食用的，可能是致命的，也可能是潜在的交配对象。为了应对这种自然选择压力，我们巨大的前脑进化出了快速做出正确决定的能力。一个正在发育的年轻大脑能够训练它的神经元侦测出视觉图像中的闪烁，比如垂直的线条，或者步步逼近的黑影。这个专心致志的“工具箱”位于大脑皮层，它帮助我们在信息丰富的世界中做出快速决策。同样，科学家也面对着一个充满丰富细节的世界。不幸的是，科学家并没有进化出什么有用的工具来帮助他们做出选择。因此，科学生态系统中出现了一些别的东西来帮助科学家做决策。

在第 2 章中，我曾提到，德里克·德索拉·普赖斯在 20 世纪 60 年代进行了一个经典的研究。他发现，科研成果“从 17 世纪开始，每半个世纪增长 10 倍，在 300 年中增长了 100 万倍，这使得今天的发明创造与当初（17 世纪）完全不同”。显然，正如马尔萨斯在几个世纪之前所警告的，这个过程在某个时刻必然会达到饱和。一些人认为，今天的科学家们之所以发表越来越多的论文，是因为他们像切香肠一样把他们的科研成果“切”成若干个不那么重要的小部分，然后逐一发表。还有人认为，科学家的整体效率越来越低，因为在今天，产出等量的成果需要花费比过去更多的时间和精力。不过，期刊和论文的整体涨势与全球科学家数量的增长趋势相比，并不夸张。

总体来看，全球总共有接近 400 万名学术型科学家（如图 2–5 所示），他们每年发表 100 万篇经过同行评议的论文。这个数据向你展示了科学界的生产力水平——平均来看，每位科学家每年创造的新知识相当于 0.3 篇论文（需要说明，这并不是人类知识增长的唯一方式）。一般而言，每篇论文拥有 4 名作者，不过每个领域不一样：粒子物理学领域有时能多达几百人，而数学领域的论文通常只有一个作者。在此基础之上，科学论文的产出是否达到饱和将取决于全球科学家最终达到的稳定数量。如果所有国家的科学家比例达到人口总数的 0.4%，那么每年预计将发表 600 万篇论文。与今天相比，这几乎增加了一个数量级。如果按照当下科学家数量每年增长 3.5% 的速度来计算，这一目标将在 50 年后实现，差不多是两代科学家的时间。因此，我们依然有时间来适应。面对如此庞大的论文数量，大多数科学家可能会瑟瑟发抖，因为和我们所有人一样，他们感觉自己仿佛在信息的汪洋大海中游泳，稍不注意就会溺水身亡。

如何决定读什么？

面对如此巨大的数字，注意力分散是不可避免的。研究某个问题的科学家必须随时关注科研进展，同时，收集人们过去与该问题有关的科研成果，形成一套框架。有时他们会想用新方法来解决某个问题，但最后却发现，他们需要查阅各个不同子领域的研究成果，以考察他们如何使用这些工具。他们可能需要看看其他研究者最近都在用什么方法。有时，他们也需要查阅较早时期的人们对该领域的评价。

通常，研究者用他们想要解决的问题来决定他们要阅读什么内容，并用电子化的工具来搜寻过去发表的论文。在这个过程中，谷歌成了一个引人瞩目的资源。还有一些专门的科学文献工具也出现了，比如科学网。在这些网站上对某个问题搜索一番，网站就能“吐出”成千上万篇相关论文。想要在这个浩瀚的知识库中游刃有余地穿行，科学家们的搜索策略必须恰到好处，不能太宽泛，也不能太狭窄。即便能做到如此，他们搜出的相关论文的数量依然十分庞大，等着进一步处理。

想要整理这种庞大的搜索结果，一个方法是找出其他认为它们也很重要的人。在每篇论文的结尾，科学家们会明确地列出（也叫“引用”）其他人过去发表的论文。结果，这些论文之间的引用关系形成了一个网络，将各个研究联系在一起，可供直接分析。在电子系统中搜索出来的论文会自动根据后续被其他论文引用的次数进行排序。正如系谱树可以显示出进化如何随时间变化一样，在引用网络中也可以看到类似的分支过程——有些论文衍生出很多分支，也有一些论文则静静蛰伏，没什么动静。

科学家为什么阅读同行评议的期刊？

单个读者根本无法检阅这个错综复杂的信息巨网。人们想要轻车熟路地在其中“航行”，就必须高度信任这些信息的正确性，必须相信它们是尽善尽美的，也必须相信其中没有海市蜃楼或干涸的河流。这种信任是如何建立起来的呢？想要理解这一点，我们就必须回到科学论文的初生时刻。让我们来看看在 17 世纪，监管科学的英国皇家学会崛起之时，“同行评议”的概念如何被发明，如何向人们提供关于科学证据的标准（如图 4–1 所示）。尽管时过境迁，该系统发生了些许变化，但大体上还是保持一致。它夯实了科学生态系统的基石。

首先，科学家确定他们想发表的期刊，将自己的研究付诸纸笔，用适合该期刊的格式写成论文，向期刊编辑投稿。接着，这些论文会被分发给若干名与其论文作者没有联系，但在该领域具备专业技能的科学家审阅。这些“评议员”会将自己对论文的意见和评论发给编辑。编辑会隐去他们的姓名。根据这些评议员对论文的同意程度，编辑会联系论文作者，告知好消息或者坏消息，也就是“接受”或者“拒绝”。编辑们在向作者发送评议意见时，从不会泄露评议员的信息，因此这个过程被称为“匿名同行评议”。

有时候，评议员对论文的批评十分清楚，直截了当地拒绝发表。作者们仔细衡量评论（通常在一番哀叹）后，决定他们是做更多研究来

图 4–1（a）

图 4–1（b）

图 4–1　图 4–1（a）、图 4–1（b）显示了英国皇家学会讨论过程的变化。图 4–1（a）描绘了艾萨克·牛顿坐在弗利特街鹤苑的椅子上（木版画，作者为 J. 夸特利，藏于伦敦维尔康姆图书馆档案馆）。图 4–1（b）为现代向公众开放的夏季科学展览

反驳同行评议的批评，还是将原始论文直接投给另一本读者群不同的期刊。有时候，尽管评议员的批评十分尖刻，但编辑决定给作者一个修改和重新投稿的机会——评议员会再次审阅，看看他们之前提出的问题是否已经被解决了。尽管同行评议通常会惹恼和激怒提交论文的科学家，但毫无疑问，评议员的意见通常都具有建设性，能够帮助他们改进论文质量。他们是来自外部的声音，关心的是证据是否确凿，结论是否有理有据，是否有其他方法来解读同样的数据或理论。

尽管这个过程有时令人沮丧，但其结果通常既可信又可靠。由于评议者与论文作者并不相识，因此，他们的争议往往以事实为基础（而较少受到情绪的干扰）。这个可靠的讨论空间让评议员们能在权势（或其他科学家）面前畅所欲言、实话实说，而编辑则扮演中间人或裁判员的角色。

这个系统迄今已经运行了几个世纪，到目前依然表现良好。人们不断对同行评议存在的一些问题提出质疑，但除了一些小修小补之外，还没人能设计出更好的系统。一个常见的建议是降低匿名性赋予评议员的权力，因为评议员有时会因利益冲突而拖延论文的评议，或者拒绝一些好论文，只因它们可能推翻他们自己的观点或者破坏他们的名望。解决这个问题有一个方法，那就是在发表论文时，附上评议员的姓名，因为他们对论文的改进助有一臂之力，并扮演保证人的角色。与此同时，表现欠佳的评议员可以被科学界和编辑们留意到，并施以必要的措施。不过也有人担心，这种方式会怂恿评议员不分青红皂白地接受论文（以获得曝光度），从而减少对论文的严厉批评。还有人提出了一种稍有不同的评议机制，就是向评议员隐去论文作者，这样就变成双向的匿名。这种机制可以减少知名科学家的“名气效应”，而更关注科学研究本身。然而，这个机制实际操作起来很难。有时候，光从论文本身就能推断出作者是谁，因为许多作者在某个领域已经浸淫多年，他们的研究已经形成了一个系列，一目了然；与此同时，他们的科研风格甚至写作风格已为人所知，十分明显。又或者，他们的研究设备或方法十分独特，全世界只有他们一个团队在用，那么，作者是谁也就不言而喻了。因此，这种机制并非放诸四海而皆准。

我们真的需要科学期刊吗？

还有人提出了一个问题：我们真的需要科学期刊吗？科学家们完全可以只将他们的研究成果发布在数据库或者博客上，并授权给一些人来评论，这样为什么不可以呢？实际上，目前确实有一些开放的“档案库”，供科学家们发布最新论文（比如“arXiv”和“bioRxiv”）。在一些领域，这甚至已成为学术界获取最新成果的主要方式。然而，这种方式有一个问题，那就是它无法保证发表在档案库中的论文能否经得起评议员的严格审阅。因此，如果其他科学家想要使用这些论文，就必须仔细阅读，谨慎对待。但这是不可能的任务，尤其是因为新论文的数量巨大无比，每个人根本就是在自己评议所有这些新论文，判断它们的优点与弱点。每个人的观点都可能与期刊评议员相左。这种方式相当于每个人都在重复同行评议员的工作，极大地降低了系统处理信息的效率。

目前，有一个系统尚不存在，那就是科学家发表论文评论的系统。如果有这样一个系统存在，那么，我们将不仅阅读论文本身，还能阅读不同科学家发表的挑剔评论。这些评论可以帮助我们判断该论文的优缺点。随着时间的推移，论文将得到一个关于其正确性的打分，或者得到大家公认的改进意见。这种系统在实践上是可操作的，近年来已经有人进行了一些试验。但这种方式有一个常见的问题，那就是如何对不同的评论进行优劣排序，将那些见解深刻的意见从过于细枝末节、不屑一顾、疏庸愚钝的评论中过滤出来。这个任务的要求极高，不知谁能胜任。在这样的系统中，评论不可能匿名，因为每条评论都需要与个人信誉挂钩，还因为我们需要驾驭那些受人信赖的“高级人物”的言论。不过，缺乏匿名性也意味着评论中会掺杂着许多个人观点，挤压科学讨论的空间。这个现象在具有争议性的博客和网络新闻文章中非常明显，在互联网上几乎找不到任何一个讨论可以完全保持知识性和理智性（任意找一篇新闻文章，看看下面的评论就知道了）。如果你竟然找到一篇发表多年却没有任何人评论的论文，这可能意味着什么呢？它是错误的，或者十分枯燥乏味，或者其作者是处尊居显、手握权势的人物，没人敢对其发表不同意见。在现行的系统中，如果真存在这样的论文，至少它经过了同行评议。并且，正如我们将看到的那样，论文的重要性从它的发表之处也可见一斑。将论文发布在一个不分青红皂白、全盘接收的论文库中，的确能推动科学的“民主化”，赋予读者评判的权利，但这也使人们很难判断其重要性。因此，论文作者通常愿意在论文被公之于众之前经过同行评议的阶段，因为这可以帮助他们找出一些愚蠢的错误或者严重的问题，从而保护自己的科学名誉。

啄序等级有何用？

科学的海洋如此之大，很容易令人迷失其中。因此，对我（以及我的经费提供者）来说，如果能花钱请人来帮我们对科研项目的优先级进行排序，那就再好不过了。这样，当新发表的科学论文如雪崩一般袭来时，我就能轻而易举地挑出那些值得一读的文章，而忽略其他。一篇论文与我的领域越接近，我就越愿意仔细阅读；如果它与我的领域相去甚远，我希望能有一个值得信赖的人来帮我阅读，并为我提炼其中的主要观点。这正是学术期刊出现啄序等级的原因之一，它极大地帮助了人们决定读些什么内容。我们大可以依赖别人发布的评论来决定文章的“重要性”，但是，这种方法通常被变化无常的个人观点左右。实践证明，同行评议系统能公平地对待所有新研究，但同时，它也允许人们对论文的重要性进行讨论，评估它们可能产生的影响。

由此，在学术期刊的世界中，各学术期刊按其重要性得到了清晰的排序。每位科学家都希望自己的论文发表在重要的期刊上，越重要越好。虽说论文的发表之处并不影响人们对它们的获取，但是，期刊的排名越高，论文被人们阅读的可能性就越大，它可能产生的影响力也就越大，作者获得的尊敬也越多。如果两位论文发表数量相同的科学家在竞争同一个岗位，其中一位科学家的论文主要发表在高排名期刊上，那么，这在招聘时一定会被考虑在内。

当然，这个例子可能有些“歪曲事实”，但是，如果这两位科学家来自同一个领域，那这个例子完全符合逻辑。不过，这个选择也会受到其他因素的影响。其中一个因素是他们的性格。如果一位科学家的个性过于谦虚，那么，即便他做出了杰出的成就，也可能不会选择投稿，更不会夸大其词。另一个可能的因素是他们的精力，因为想要让论文在排名更靠前的期刊上发表需要花费很多时间，这会挤压他们做科研的时间。还有一些其他因素，比如运气（不过运气的影响在较长时间里总体上是平均分布的，因此，年轻科学家的运气可能不那么好，因为他们涉水尚浅）、雄心抱负（如果一位科学家有鸿鹄之志，选择投身于“疑难杂症”，那么，他做出的贡献虽然有用，但却微乎其微，因而很难发表在排名靠前的期刊上）、他们上司选择的方向（科学家可能因上级的指示而选择研究一些不那么热门的问题，从而只能发表在排名靠后的期刊上）、他们的写作能力（排名靠前的期刊对英语和表达水平要求很高）以及人格魅力（当论文面临竞争时，如果你的论文仅对疏离的科学事实进行生硬的科学记录，那很可能竞争不过其他人热情洋溢、妙笔生花的论文）。上述所有因素或许都能影响在两位科学家中二选一的决策，因此，这种期刊排名依然具有一定的意义。

维持排名就需要对有限的资源进行竞争。对期刊来说，“有限的资源”指的是每个星期（或者每期）接受的论文数量是有限的。可笑的是，这个限制目前是人为规定的，因为期刊印刷数量的影响因素（比如纸张克重、书脊装订以及传播媒介的物理形态）变得越来越无关紧要。人为强加的论文数量限制有两个作用。第一是为了读者的方便，因为它代表了期刊的价值和标准。比如说，在众多投稿中只选择少数“最好”的论文。第二是为了期刊的声誉，因为越难发表的期刊在人们心中的排名越靠前。

很明显，这些方面都是自我强化的。一本拥有极高声誉的期刊会极其严格地限制其发表论文的数量，这加剧了论文之间的竞争，进一步提升了期刊的声誉，增强了作者们将论文发表其上的欲望。可以预料的是，这些期刊接收的投稿数量的增长速度会远大于科学界整体的成果产出增长速度。这给期刊编辑提出了一个严峻的问题——是选择接收越来越多的高质量论文，还是选择保持原有的论文数量？如果一本期刊拒绝了太多质量上乘的论文，那么，其竞争对手就有机会接收并发表这些论文，从而提升自己的声誉或目标市场。显然，期刊之间的竞争与自然物种之间的竞争、商业品牌之间的竞争并没有什么两样，同样也拥有等级分层、利基市场、客户群和品牌建设。期刊通过品牌建设来设置“路标”。这一过程帮助科学家们决定他们要读什么内容。

深谙“高影响力”之道的期刊能够孵化出更多的期刊：从《自然》

（*Nature*）中，诞生了《自然·物理学》（*Nature Physics*）、《自然·材料学》（*Nature Materials*）、《自然·纳米技术》（*Nature Nanotechnology*）等一大批期刊（如图 4–2 所示）；从《先进材料》（*Advanced Materials*）中诞生了《先进功能材料》（*Advanced Functional Materials*）等期刊；从 *PLOS ONE* 中诞生了《PLOS 生物学》，等等。这些期刊已经拥有稳定的收益流、编辑团队、读者群体和出版社，这些因素组合在一起，使得它们比新成立的团队更容易孵化出新期刊。同哺乳动物的家庭一样，这些期刊的“家庭成员”之间也自然存在着“母女竞争”的关系，互相竞争着资源与注意力。

期刊的多样化

将科学论文发表在不同期刊上还有一个作用，那就是帮助读者找到他们感兴趣的领域。在纸质期刊的时代，每当拿到一本期刊，我通

图 4–2（a）

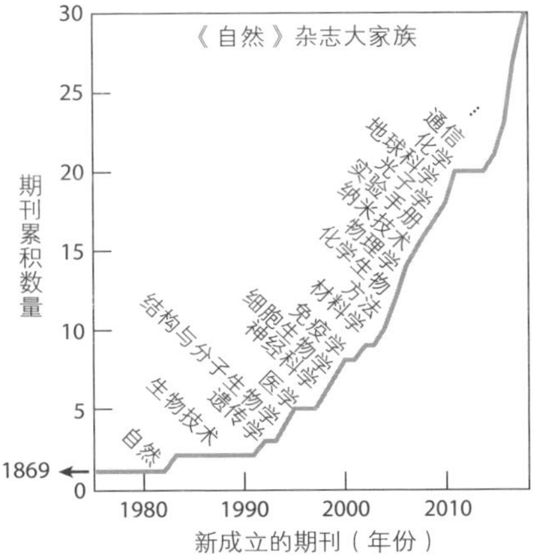

图 4–2（b）

图 4–2 激增的知识。图 4–2（a）是都柏林圣三一学院图书馆的照片，图 4–2（b）是成立于 1869 年的《自然》杂志所孵化出来的新期刊

常会迅速浏览一遍看起来有趣的文章，然后聚焦在少数几篇可能对我个人的科研项目具有重要推动作用的论文。想要提高效率，文章最好是按照主题分类。这种做法保持到了电子时代，因为如果一本期刊拥有品牌，那么，我们就能预期在这本期刊上会读到些什么内容。

现在，各学科的子领域也拥有自己的期刊。一般而言，由于关注同一领域的作者拥有共同的语言与愿景，他们能迅速向彼此陈述清楚各自研究的细节。子领域的期刊也可能出现啄序排名。排名最靠前的期刊具有最高的竞争力和排他性。此外，每个更广的学科都拥有一本覆盖面更广，甚至排名更靠前的期刊，以便发表涉及多个子领域或者可能不止一个领域的科学家感兴趣的论文。隶属于某学科的不同期刊涉及的内容可能很广，但依然有其焦点或主题，比如解决某个涉及较广的问题，而不是其贡献的子领域。

在此之上，还存在一些旨在影响和跨越多个学科的期刊，其中诞生了少量出类拔萃的顶级期刊。它们鹤立鸡群，伫立于科学山峰的顶端，傲视群雄。在这样的期刊上发表论文成了每位科学家的梦想。我们稍后将会看到，这些期刊上发表的科学成果可以广为传播、家喻户晓。但同样，这种根据期刊来分类论文的方法，可以帮助科学家决定读些什么，以及如何评估论文提出的结论。如此而言，期刊的排名便是合情合理的。那么，排名是如何形成的呢？

哪些期刊很重要？

科学家天生讨厌众口一词。他们享受争论，看重细节。分歧在细节中被放大，任何共识都会被很快推翻。然而，期刊生态系统想要运转良好，科学家们就必须对如何进行啄序排名达成共识，并允许排名随时间而缓慢变化。于是，科学生态系统中的竞争催生了对排名达成共识的需求。但是，仅靠直觉来判断期刊的重要性是不够的，我们需要数值化的度量指标。

影响因子

数值化的度量标准如何评判期刊的重要性呢？要回答这个问题，我们可以来看看科学论文如何引用过去的论文。论文之间的引用关系形成了一个巨大的网络，其节点之间的关联可以用数字来表示。最简单的形式，当然是用单个数值来表示。我们可以用一篇论文被后续文章引用的次数来代表其对科学界的“影响力”。如果我的论文被引用了许多次，而你的论文只被引用了一次，那么，对我的论文感兴趣的人就会更多，也会有更多人引用我的结论或者觉得我的论文能证明他们自己的研究是有效的。也有人可能认为我的论文是错误的，但由于这篇论文被引的次数很多，他们不得不认真对待，充满好奇，甚至气急败坏地仔细阅读。

体重并不能说明一个人的重要性。同样，被引次数也不能证明一篇论文的重要性。它是一个较为粗糙的指标。被引次数很大程度上取决于每个子领域的文化。比如说在我的领域，人们总是喜欢在论文中引用上百篇论文，而有的领域可能只会列出最重要的一两篇。那么，后者的论文引用数显然总是低于前者，但二者产生的影响力可能是等价的。再比如说，在有些领域，人们通常每年只会发表一篇篇幅较长、内容详尽的论文，而在我的领域，人们每年会发表许多篇短小精悍的文章（称为“快报”）。在这种情况下，上述两个领域引用次数的分布也会大相径庭。此外，并不是所有读过该论文的人都会对其进行引用，因此论文对这些人的影响也就无迹可寻。被引次数无法度量一篇论文对这部分人产生的影响。

想要对期刊进行排名或者度量期刊的“影响因子”，最简单的方法是计算过去几年中（通常是过去 2 年，如图 4–3 所示），该期刊上发表的所有论文被引用次数的平均数。对高排名期刊来说，我们认为它们发表的论文理应非常重要，每篇论文都应当很快获得许多引用。《自然》杂志是影响力最大的综合性科学期刊，它斩获至高无上的地位已经长达几十年的时间。《自然》论文的平均引用数大约是 38（不过，《新英格兰医学期刊》（*New England Journal of Medicine*）更高，为 60）。然而，在许多子领域，各专题期刊的文章被引次数的分布很广，有的多，有的少。最常见的被引次数是零，还有一些论文的被引次数只有个位数。被引次数达到两位数的更是少之又少。只有凤毛麟角的论文

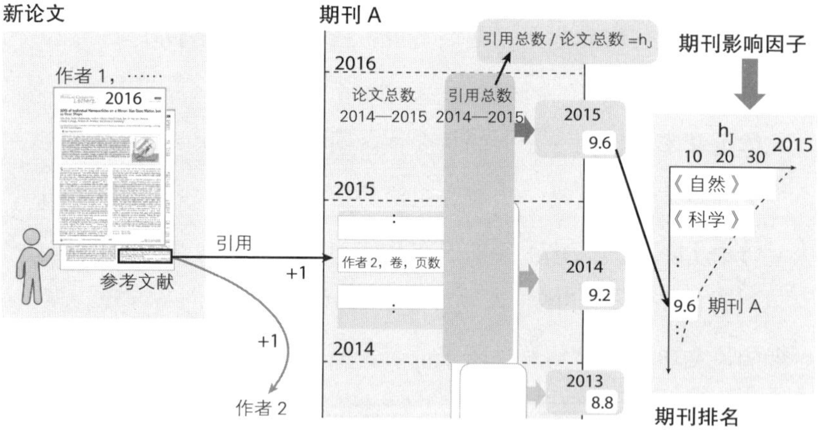

图 4–3（a）　　图 4–3（b）　　图 4–3（c）

图 4–3　当作者 1 发表一篇新论文时 [图 4–3（a）]，其参考文献中包含一篇发表在期刊 A 上的论文。那么，期刊 A 上的这篇论文的被引用列表上就增加了一篇新的引用。将过去两年期刊 A 上发表的所有论文的被引数量加总起来，除以同时段期刊 A 上发表的论文总数，就得到了期刊 A 的影响因子 h_J[图 4–3（b）]。在每个领域，期刊的影响因子按排名下降很快 [图 4–3（c）]

拥有很高的被引次数。当然，可能存在一些很重要的论文，但是由于发表在名不见经传的期刊上，使得人们最初忽略了它们的重要性，因此少有作者引用和参考；这些论文中可能藏有一些对后续研究至关重要的细节。但这些是例外，并非一般规律。

将所有期刊按影响因子从高到低排列起来，影响因子曲线的下降很陡峭［如图 4–3（c）所示］。学科不同，该曲线下降的斜率也不同，比如，数学领域的排名比较缓和，而化学领域则竞争激烈。这种现象在自然生态系统的等级分层中也很常见。在生物学领域，任意选择一本期刊，其近年来的平均影响因子为 2，物理学和化学则为 1.25，工程学或社会科学为 0.5。由此可见，平均来看，一篇论文在发表的头两年被引用的平均次数仅为 1 次。

自我强化的循环

期刊影响因子的一个问题是它们随时间的变化不大，于是，啄序排名很容易僵化。科学家们想要在影响力最大的期刊上发表论文，这样，他们的论文就不止被一个领域的人阅读，还会受到更广的读者群体的关注。如果他们在激烈的论文竞争中获胜，那么，不仅他们的同行会认为他们的研究牢固可信，来自不同研究领域的部门同事、他们机构的管理者、经费提供者以及其他所有人也会对其表示认可。因此，在影响力大的期刊上发表论文对科学家的职业前景来说至关重要，也能提高他们获取经费以进行更多研究的能力。

这种对数值化认可的渴望，阻碍了期刊影响因子的变化，从而“锁”住了科学生态系统。科学家们更愿意引用影响力大的期刊上的论文，并不仅仅是因为这些论文质量更好，还因为它们的曝光度更高。如果我想在论文中引用一些能证明我的研究很重要的论文，那么，在科学出版的档案库中，我将拥有很多选择。为了证明我的领域近年来方兴未艾，我精心挑选出最近几年发表在影响力大的期刊上的论文。由于我引用了这些文章，从而提高了它们的被引数量，其他人读了我的论文后，可能也会引用这些论文，这样就进一步提高了它们的被引数。这个过程提高了期刊的影响因子，使其编辑越发坚信他们当初选择的论文的确是极其优秀的。但不幸的是，这种威望的叠加，只是该系统的自我强化而已。

分清良莠

几乎所有科学家和经费提供者都满足于目前的期刊出版形势，这是因为期刊是以同行评议为基础的。这样一来，只有质量上乘、准确无误的科学论文才有资格发表在排名较靠前的期刊上。但是，这无法解释顶级期刊是如何选出这些“质量上乘、准确无误的科学论文”的。在此处，同行评议过程的另一个部分将编辑和引用者更加微妙的观点组合起来了。由于排名最靠前的顶级期刊的竞争十分激烈，因此，在所有投稿论文中，只有很少的一部分能得以发表。《自然》杂志每年会收到 1 万篇投稿，但最终得以发表的论文不超过 700 篇。第一道筛选的关卡是由编辑团队进行的，他们通常也会咨询不同领域的专家的意见。在这个过程中，编辑团队会判断这个新研究是否具有时效性，能否产生足够的影响力，是否与该期刊惯常发表的论文处于同一水平。

上述的评判过程需要对科学成果的重要性做出预测。长期以来，一波接一波的保守派、未来学家和预言家都尝试进行这种预测，但大都以失败告终。为帮助编辑们进行预测，他们明确要求论文作者写明该研究可能产生的影响，要求他们从科学事实跳跃到推测。为此，论文作者必须“编织”出一个妙趣横生、欣欣向荣的未来愿景，承诺单靠他们的成果就能够结出丰硕的果实。而编辑想要别的东西：他们在寻找最可能被广泛讨论的论文，这种讨论不仅限于科学界的引用，还包括全球范围的各种媒体。有时，这些目标很难达成，但有时，它们仿佛被紧密地编织进一只铁拳，狠狠砸在科学界的面前。

有时，编辑在筛选时可能会漏掉一些重要且优秀的科学论文，只是因为它们描述的方式不够直截了当，不足以让该领域之外的读者理解。在传播方面，如果作者能恰到好处地在论文中激发人们的好奇心，或者善用比喻，将一些科幻的元素融入他们的结论中，甚至故意模糊一些细节，他们的论文会得到很好的传播。制作精良的视觉效果让外行很容易理解，它们既可以展示科学事实，又能传达未来愿景。但制作这些视觉元素是很耗费时间的，需要花费科学家的时间和经费。一般来说，只有经费充足、功成名就的实验室能负担得起。在资本密集的大型跨国科研合作项目（比如某些粒子物理学项目）中，有许多经费可以用于科学传播，从而导致不同子领域的影响力存在偏差。

如果论文通过了编辑的筛选，它们会被发送给在高级别期刊上发表过许多论文的审稿人（如图 4–4 所示）。这些审稿人的地位足以维护期刊的声誉。审稿人在审稿时，不仅对论文的科学性进行判断，还会考虑该论文是否适合该期刊及其读者。维护该期刊的名誉也是为了保护他们自身的利益，因为，他们如果打开了论文发表的闸门，将降低他们自己过去发表的论文的价值。这样的系统本质上是十分保守的——投稿人必须努力说服审稿人，他们的成果在主流观点的基础之上实现了惊人的进步。在天平的另一端平衡这股力量的则是编辑们，他们想要保证他们的期刊选出最能提升影响因子的文章，不漏过任何具有重大意义的新科学成果，以免它们“流落”到竞争期刊的手中。于是，关于什么算重要和创新的问题上，在论文作者、审稿人和编辑之间形成

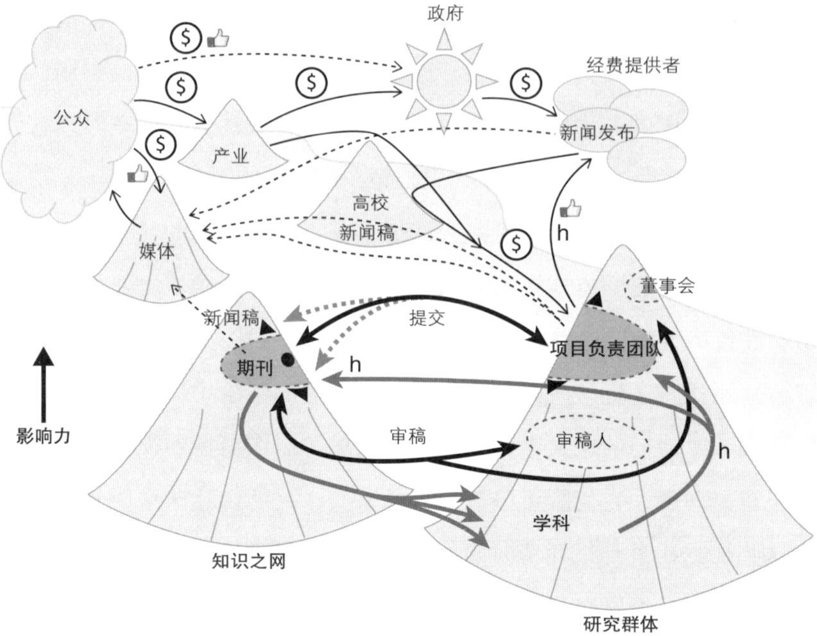

图 4–4 本图描绘除了科学生态系统中与发表论文有关的部分，显示出研究者与期刊之间错综复杂的关系。研究者由项目负责人带领，而期刊则构成了我们的知识之网。项目负责人将他们的草稿提交给期刊，然后，期刊会邀请他们信任的该领域审稿人来评估稿件（实心箭头）。最终，论文发表在期刊上，该领域的研究群体会对其进行引用，这提升了作者和期刊的名誉（虚线箭头）。名誉（被引次数 h 的增加、名气等，如图中的大拇指所示）进一步影响了经费的流向，最后通过新闻发布到达媒体

了一种微妙的冲突关系。

回首过去，科学界鲜有真正新颖的东西。可喜的是，科学界能将错综复杂的头绪和线索编织在一起，这样，一个领域的成果可以用在另一个领域，互相加强，互相巩固。如果存在较大的缺陷或问题，它们通常会在几个不同的地方同时出现，很难逃过人们的眼睛。大多数情况下，新科学归根结底是我们从未做过的事情，要么是因为我们从没想到过，要么是因为我们的资金和技术有限。新科学的涌现之处可能是某个子领域的人感兴趣的小小细节，也可能是不同学科的多个进步共同催生了某些新的研究方向。这种进展并不常见。大多数科学尽管引人入胜，但都相对更容易预测。虽然人们对怎样才算“惊喜”少有共识，但对什么算“重要”却多有共鸣——《自然》和《科学》杂志上超过三分之一的论文在发表当年就能跃升到该领域被引次数最高的1%。

在阅读了几名独立审稿人的报告之后，编辑们会对投稿论文的科学正确性和是否适合发表在该期刊上做出判断，并谨慎评估它可能带来的引用次数。之后，论文作者可能会收到编辑的电子邮件，被告知审稿人喜欢他们的论文，但编辑认为它可能无法吸引大众读者的兴趣。在这方面，新兴领域由于还未建立起固定的读者群，因此很可能因为这个原因而通不过审稿。的确，尽管它们可能十分重要，但却没有多少读者。“重要性”的考量在争论与冲突中掺杂了各种主观与客观的观点。

审稿人是谁?

审稿人对投稿论文进行审阅，肩负期刊“看门人”的角色。审稿人的遴选方式有许多种。论文作者会被要求推荐几个他们认为在本领域德高望重，同时支持他们科研的审稿人。此外，期刊会额外再从该稿件引用的参考文献中选择几名审稿人，还会从该期刊过去刊登的综合领域科学家中选择一些审稿人。想要成为审稿人，并不需要通过什么正式的培训，但你得随干随学：读一读自己投稿时收到的审稿人意见，寻求年长同事的些许指导。由于这个原因，审稿人中形成了一些不同的审稿“文化”。尽管他们需要遵循编辑团队的要求，但这些要求通常十分松散，因此，审稿文化逐渐固定下来，因循沿袭，很难改变。一个世纪以来，审稿方式几乎一成不变。

审稿人阅读稿件的仔细程度不一。有的人显然只是浏览全文，快速判断该论文是否真的新颖，然后写一段简短的评述。有的人则细致入微，字斟句酌，逐句逐行地撰写详细评论，包括文章涉及的思想、方法、分析，是否缺乏对过往论文的引用，是否有站不住脚的结论等。这两类人都能极大地改进被审论文的科学性。虽然审稿人投入了相当多的时间和技能，但他们却从未为此获得一分一厘的报酬。不得不承认，这是一件令人吃惊的事情。

不同审稿人在每篇稿件上花费的平均时间也很不同。在这方面，也几乎没有确凿的数据。但据出版商估计，如果审稿人能花四个小时在一篇稿件上，那他们通常能产出一份全面而有用的审稿意见。如果审稿人是年轻科学家，那么，由于他们在某个领域可能缺乏经年累月的背景，他们可能会需要花费更多时间来阅读相关文献。但是，所有审稿人，不管年长年幼，如果稿件引用了一些他们不熟悉的论文，那他们就不得不去读一读那些文献。每个科学家每年大约审阅 5~50 篇论文，资深科学家每年可能平均审阅 20 篇左右。因此，总体而言，每人每年在审稿上的时间投入为 100 个小时，几乎占到他们获酬工作时间的 5%。

由于审稿人并不从期刊那里获得报酬，因此，为这种活动买单的人实际上是审稿科学家的雇主。那么，雇主们为什么愿意为其买单呢？同行评议系统对科学界的运转是如此重要，以至于科研经费提供者，无论是公务员、高校、企业还是科研机构，都将审稿视为科学家工作必不可少的一个重要部分。不过，与科学生态系统的其他部分相比，这种活动目前还未具备竞争性（因为审稿是匿名的），并且，人们普遍认为它对整个系统大有裨益。实际上，一直到最近，随着一些国家的高校变得越来越像企业（特别是英国和美国），人们才开始注意到科学家们在论文出版事业上所贡献的时间之多。

这种同行评议系统显然提升了科学的可靠性和真实性，整个社会都因此受益。然而，从中获得最大直接经济效益的，却是出版商。他们的成本中无须考虑这种“专业咨询服务”，只需花钱运营审稿、编辑、出版（电子出版或纸质出版）、市场和发行即可。大体上来说，对文字的排版校对通常由论文作者自己负责。在过去 20 年里，间或有科学家奋起反抗，争辩说，他们作为作者和审稿人的双重角色所做出的贡献，只是为他人作嫁衣裳，因为只有出版商从中获得了经济利益。还有一些人强有力地争辩道，政府资助的科研成果应当开放给经费提供者，也就是全社会，而不仅限于那些买得起昂贵科技期刊的人。随着全社会对科学的兴趣越来越浓，这逐渐成了一个社会问题，因为人们发现，当他们想要阅读电子版科学论文时，却需要支付给出版商一笔高额的费用。通常，每篇文章大约需要花费 50 美元。同时，由于每篇文章都是独特的，所以，不可能通过竞争来降低价格。目前，许多国家已经在开始考虑解决这个问题，也出现了一些运动，旨在将所有政府资助的科研成果放入向公众开放的档案库。时间再拉近一些，由于数字出版过程不再需要大量资本投入的基础设施，许多可公开获取（“开放获取”）的新期刊涌现出来。在这种形式下，作者需要花钱才能发表自己的论文，而读者获取论文不用付一分钱。不过，也有期刊同时采用两种付款模式。

出版商辩称，期刊的组织模式具有社会所需要的高价值功能，而它们的持续运转依赖于利润。但是，期刊出版业的生意是非常红火的，它们的利润率稳定在 30% 以上，比出版业其他任何部分的利润率都高。期刊出版业是一只下金蛋的鹅，这还体现在一个现象上：从来没有期刊关门，相反，期刊的数量一直在增加。许多科学家认为出版商是寄生在公共资源上的血吸虫。让事情更加复杂的是，一些出版商并不是出于商业目的，而是由各领域的研究机构和协会运作的慈善组织——正是这些机构和协会举办了数量庞大的科学会议，我们将在后面的章节探讨这个话题。它们从出版期刊中获取的利润，一部分用来支持该领域其他方面（不那么明显）的活动，就好像从研究成果中“征税”一样。

尽管采用“开放获取”模式的期刊的成本模型更加带有平等主义色彩，但它们没能广泛取代已有的期刊，这显示出科学生态系统中的反馈链是如此错综复杂。科学家们想要在最高级别的期刊上发表论文，这种积极性十分强烈。出版商则专注于保持该期刊具有最高的影响力，并维持其排名。经费提供者之间互相竞争，都想显示自己资助的科研项目产出了最重要的成果。或许，唯一向隅而泣的是高校、科研机构和企业，因为它们需要在预算中纳入一笔开支来购买期刊，以保证它们的科学家能获取论文。一本普通化学期刊平均每年需要花费 4000 美元，因此，高校图书馆 65% 的预算都被期刊订阅“吞噬”，也就不足为奇了。图书管理员并不是学术出版生态系统中的主要玩家，因此他们不得不努力游说才能获得更多经费来购买期刊，而这些经费最后都落到了增加学生的学杂费或行政开支上（科研预算很少能完全覆盖期刊费用）。“开放获取”向人们展示了科学界的一个矛盾——研究者花钱向期刊赠送他们的科研成果。稍后我将回到这个矛盾，进行更多讨论。

人人可获取的数据？

“开放获取”还引发了另一个争论：是否应当向公众免费开放所有成果和数据。对政府资助的研究，为什么不能向所有人开放所有原始数据，而仅限于经过科学家选择和解读的部分数据呢？正如不经过同行评议的在线发表一样，抱怨这个问题的人忘记了一件事——科学家对数据进行选择和总结，可以帮助读者节省时间。科学家选择公开哪些数据，取决于他们以何种方式，以及在哪里发表其科研结果。这已然是一个艰难的选择。有时，他们会选择少数几个方面的数据，创造出吸引高影响力期刊及其读者的结果。有时，他们可能会选择以长篇巨著、包罗万象的方式来发表其研究成果，这些出版物会形成一座宝藏，等待未来几代科学家来挖掘。在这种东飘西荡的数据“浮萍”中披沙拣金，已经成为许多人的日常工作，极大提升了这些科学项目的初始投资的价值。

发表科学论文的作用之一是为了讲故事，因为原始数据本身的用处不大。关于数据的采集方式、实验和理论的选用、数据的去伪存真和分析方法，存在太多太多的细节。审稿人会同论文作者探讨这些问题，但大多数情况下，他们在询问一番古怪的问题并仔细检验研究方案后，会发现这位科学家的研究似乎是牢固的，于是不得不遵从科学家最初的决定。这个过程之所以奏效，是因为每个科学家都以自己的方式构建自己的“品牌个性”。在每个子领域，每个科学家或研究团队都会获得不同的口碑，有人以古怪的结论出名，也有人因杰出的成就和牢固的成果而闻名遐迩。当我第一次读到某个人的论文时，我不可能知道他的结论是不是许多次实验中偶然成功的一次，也不知道他是否只是选择了一部分符合他观点的结论来展示（这是医学研究中一个常见的问题）。但是，如果我的同事们纷纷告诉我，他们采用同样的技术进行了同样的实验，却无人成功，那我对该研究的热忱态度可能会冷却下来，并对作者产生更多怀疑。这种观点对发表的知识来说是一种补充，但年轻科学家很难掌握各种技巧——当年轻科学家第一次听说期刊上发表的论文并不一定完全正确时，他们的第一反应通常是目瞪口呆。

经验丰富的科学家擅于捕捉微妙的气味，觉察出哪些是正确的，也知道如何追踪可疑的细节，直至得出结论。这种能力有时可以揭露出实验或研究中的缺陷，哪怕它们计划周密。有时候，错漏之处远比正确之处更加有意思。但是，将所有原始结果不加选择地全部向公众开放，而缺乏一个将其串起来的故事，是收获甚微的，除非你能同时提供大量附加信息。在这种情况下，要么研究团队必须随时待命，回答人们关于各种研究细节的问题，要么所有细节必须以某种方式被编写进数据档案中。不管选择哪种方式，都将极大地增加论文发表的时间和资源成本，降低回报。如果逼迫科学家这么做，而不提供相应的资源，只会减少科学成果的数量。在我自己的研究中，我自然希望能从数据中一眼就捕捉到那些含蓄的知识，但事实却相反，在数据中捕捉知识是一件极其困难的事。科学家如何才能抓住科研项目中的所有讨论，或者追溯他们使用的探测设备的刻度？比起单纯公开原始数据，对原始数据进行的计算、产生结论的分析（例如图表）可能更具价值。在这里，让科学生态系统得以运转的一个惊人事实是，科学家在发表论文时必须选择舍弃一些东西。这些被舍弃的东西可能是容易导致困惑的数据、细枝末节，或者失败的例子。发表论文的核心是传递故事，而不是建立一个数据档案库。

被拒的论文何去何从?

当然，被期刊拒绝的论文并不会被丢进垃圾堆。通常，审稿人会发现一些重要的问题。根据审稿意见，论文作者会对论文进行改进，然后将修改后的版本提交给另一本影响因子稍低一些，但更聚焦某个子领域的期刊。这样，在与各期刊的一系列互动中，论文被层层过滤，最后落脚到合适的级别。问题很大的论文一般在每个阶段都会被踢出去。不同的期刊通常会使用同样的审稿人，因为他们最熟悉该话题。因此，当他们不断遇到同一篇论文时，通常会一次又一次地拒绝它。质量较差的论文最后会落到级别较低的期刊手中。有时，即便这些论文差到理应被毙稿，这些期刊也会为它们大开绿灯，让它们通过同行评议。有经验的科学家对这种现象早已司空见惯，他们了解科学文献的评审标准是参差不齐的。但是，年轻科学家或者非科学家人士通常会认为如果一篇论文通过了同行评议，那它就应当被认为是正确的。虽然啄序排名坚定了人们对科学世界的信心与信念，但它对外界依然不那么透明和清楚。

在期刊及其啄序排名的“自我分化”过程中，有一个有悖常理的方面，那就是每本期刊都要求不同的格式和风格。这些要求涉及各种细节，甚至包括使用什么字体。不同的学科强调不同的研究方面，并青睐不同的呈现方式。比如，卫生统计学的论文所受到的待遇与数学大相径庭。如果一篇论文被一本高排名期刊拒绝，那么，作者必须选择下一本要投稿的期刊，并对论文进行重新排版。各个期刊的格式有时互不相容，因此，想用电子工具将科学知识的网络连接起来变得难上加难——这是新的 AI（人工智能）工具必须克服的困难。如果存在一种所有论文均可遵照的统一出版格式（与超文本标示类似），将大有裨益。这样，作者只需放弃一些对版面设计的控制力，便可对格式进行迅速修改。但这可能会降低期刊的分化程度，因此，它们一开始可能会竭力抵制这种变化。

在同行评议的过程中，最令人惊讶的一件事莫过于审稿人的公平程度。目前的匿名评议程序似乎能鼓励审稿人尊敬论文作者，并聚焦在论文结果是否牢固上，这种心态是有意的。偶尔，可能会因粗心大意、因循守旧或恶意中伤而出现一些问题，但大多数情况下，评审通常会带来更好的结果，虽然在论文的方法论上通常会存在一些反反复复的辩论。《经济探究》（*Economic Inquiry*）杂志的编辑曾做过一个有趣的实验，结果向人们强调了同行评议的重要性。他们要求审稿人在审稿意见中明确写明“发表”还是“拒绝”，并允许投稿作者不采纳他们提出的修改意见（因为这显然能让经济学论文变得更加不透明）。结果，所有论文被接受的作者都依然按照审稿人的意见修改了论文。评议员花时间阅读论文，从局外人的角度给出具有实操性的建议，这对论文作者来说是非常有益的。即便同行评议不属于论文发表过程的一部分，我们也希望在科学生态系统中以某种方式保留它的存在。

科学家为什么愿意做审稿人？

科学家们的成长离不开同行评议。如果没有同行评议，科学生态系统会变成什么样，简直不可想象。然而，虽然同行评议是一项公益事业，但由于科学家们需要在其上花费很多时间和精力，它显然会对审稿人自己的研究产生负面影响。在这种情况下，这项公益事业常受到系统中“搭便车者”（“鹰派分子”）的侵蚀。然而，审稿活动实际上能让他们接触到最新的科学进展，获取未经他人过滤的知识，这是一种抖擞精神而又卓有成效的方式，通常也十分鼓舞人心。实际上，有的审稿人在审阅某些论文时，会感觉他们是在给投稿人讲课，告诉他们应该读些什么文献，以及如何正确解读他们的研究成果。在这种情况下，审稿人的角色更像是未署名的“共同作者”，因此，期刊对愿意帮忙的匿名审稿人充满感激。不过，能为富有创造力的科学家提出一些建议，帮助他们的研究向前推进，对审稿人来说也是一件令人愉快的事。目睹优秀的科学成就，本身就令人心满意足。

除了上述这些原因之外，还有一些非常个人的原因。审稿让我能追踪竞争者的动向，让我看到他们最近的研究方向，从较为原始的数据呈现中获得一些洞察，并得以与他们就一些细节进行讨论。审稿人还可以要求稿件作者引用他们过去的论文，不过这可能会令他们失去匿名状态。这有点像“要挟”：“如果你帮我增加一点引用数，我就会同意发表你的论文。”反之亦然。不过，有时候通过这种方式带来的新引用可能并不合适。但这促进了子领域之间的互相引用，将主流科学界一直忽略的一些共同话题连接起来，也是很有益的。

同行评议允许激烈而详尽的争论，目前这样的场所已经不多了。因此，不管子领域多么小，保证审稿人无法被论文作者认出来是很重要的。如果审稿人的身份可能被认出来，他们就会隐瞒自己的真实意见，改变语言风格或提高语法的准确性（因为许多审稿人的母语并不是英语），强调引用他人而不是他们自己的研究。有时候，审稿人会在论文发表后告知作者他们的身份，但这种行为对整个系统来说是有害的，因为这会向作者施加一种“知恩图报”的压力（这也正是那些审稿人这么做的原因，目的是形成小圈子）。

科学家们经常抱怨同行评议推迟了他们论文的发表时间，但这种抱怨多是基于个人原因，比如职业发展或竞争。为了提高科学知识网络的可靠性，推迟几个月只是小小的代价而已。不过对论文作者来说，这可能意味着“首个发表”还是“第二个发表”的区别（这完全只与个人回报有关），或者影响他们对下次研究任务的职业决定，或者经费的发放。因此，尽管期刊之间互相竞争，都想要以最快的速度将稿件出版，但这对科学共同体并不一定有利，并可能导致越来越多的冲突和竞争。

科学家为什么不停地发表论文？

许多关于发表论文的讨论玷污了科学家投身科学的初衷——寻求知识，扩展知识的疆域，以及享受新领悟带来的迷人乐趣。那么，他们为什么依然不停发表越来越多的论文呢？

渴望被人关注

科学家渴望被人关注，其最重要的原因来自竞争。正如最近媒体上出现的选普通人与明星竞赛的真人秀一样，一些科学家也追逐名利，渴求重视。这种行为与人们心目中对科学的印象截然不同。人们通常认为，科学是超凡脱俗、不带感情色彩的。世界各地的科学家潜心研究，不断为科学的大厦添砖加瓦，而这些贡献是由谁、在何处、在何时做出来的，几乎是无关紧要的问题。一项科学成就出现后，通常很快就会与其发明者割裂开，并迅速涌现在成百上千的实验室中。一个想法一旦脱离单个科学家的控制，其众多支持者和共同拥有者就会跃跃欲试，迫不及待地想要尝试和扩散。如若不然，除非那位科学家坚定不移地尝试用这个新想法来发掘新科学，培育新方法，否则，它很可能会逐渐枯萎，消失殆尽。在这种情况下，由于这些科学家付出了巨大的努力，他们的名字（或者他们的“品牌”）往往与那项技术或突破不可分割地联系在一起，就算他们想甩也甩不掉。

科学家们需要几种资源才能茁壮成长：同事、基础设施、经费和提升积极性的同行社群。科学家越感觉没人注意到他，就越容易感到沮丧。不幸的是，除了严格的同行评论之外，他们极少有机会获得关于他们工作的反馈。我同系的同事们和我聊起的话题多是他们获得的经费，而很少提及他们科研工作中有趣的新成果。过去，聚焦于某个话题领域的科学家能从前来闲聊的同事那里了解谁读了他们的论文，但现在，由于科学家和论文的数量越来越多，除了少数广受推崇的科学明星之外，非正式形式的认可似乎越来越弱。

于是，科学家开始越来越关心引用他们论文的人数。与此同时，也出现了一些电子方式，让他们能计算一些简单的指标。正如期刊的影响因子一样，我们也可以数一数每位科学家的所有论文被引用的总数，算出一个同样的“影响因子”。目前，在“情报学”和“科学计量学”这两个流行的新兴学科中，人们正在激烈争论“什么才是最适合的度量方法”。目前最常用的指标是乔治·希尔施（Jorge Hirsch）在 2005 年推广的“h 因子”。一个作者的 h 因子是这样计算的：首先，将该作者发表的论文按照被引数量从高到低进行排序，得到一个列表；在该列表中寻找被引数刚好低于该论文位置编号的地方［如图 4–5（a）下方所示］，其编号即是该作者的 h 因子。于是，如果一个作者的 h 因子为 10，那么，在其发表的论文中，刚好有 10 篇论文都至少被引用了 10 次。这个指标青睐一贯发表高引用文章的科学家，而非间歇性的偶然成功者；青睐经验丰富的饱学之士，胜过冉冉升起的新星；青睐合作广泛者而非独行侠；青睐引用数较多的领域，以及那些总是冲锋在科学前线的勇者。

引用数，实际上可以被看作一种货币，就像比特币一样。科研工作产生了论文，论文发表带来引用，从而增加了它们对其拥有者的价值（在这种情况下，拥有者是论文作者，以及研究机构和经费提供者）。别人在引用这些论文时，会花时间对论文进行验证；论文发表后，会不断有人核查作者是谁。这些活动创造出了一种“货币”，其一部分可以“兑换”成其他形式的货币，比如薪水或奖金。

企图用单一指标来评价科学家的做法并不罕见。在棒球、板球和篮球运动中，人们也总是倾向于用单一指标来评判运动员。这种方法将每个人所采用的不同方法及其具备的不同技能隐藏了起来，混淆了那些真正带来成功的细节因素。但是，这种方法对某些决策制定者来说很有诱惑力。比如，他们可能需要在几百名候选人中选聘值得授予正式教职或者晋升到更高职位的人，这种情况通常令他们左右为难，特别是在候选人数量特别多的情况下。现如今，所有需要对科学家的工

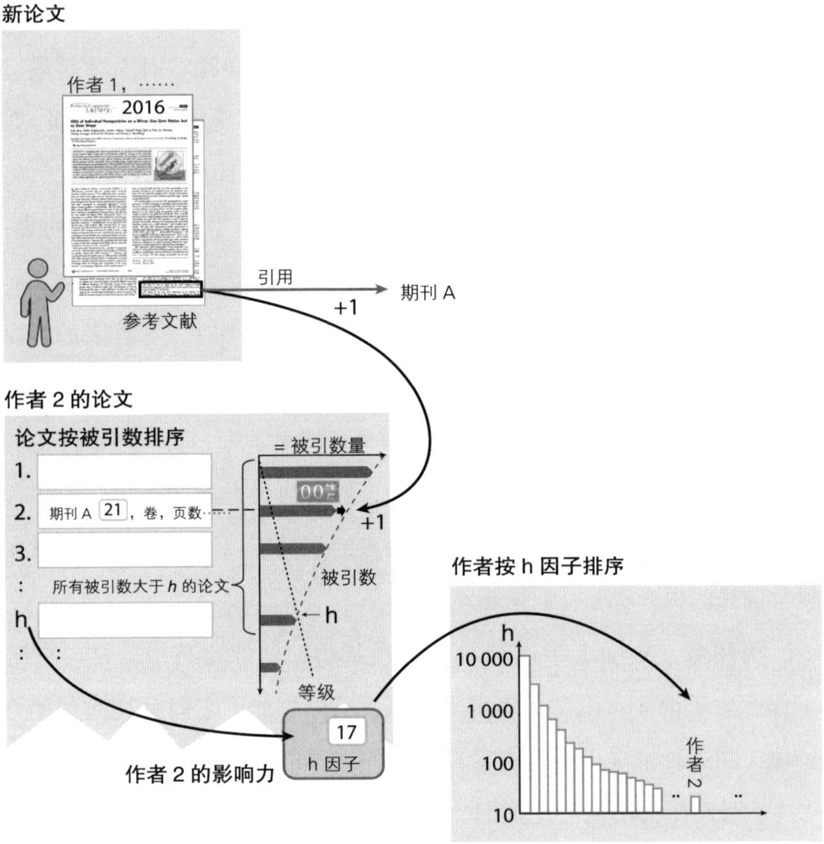

图 4–5（a）　　图 4–5（b）

图 4–5　当作者 1 发表一篇新论文时 [图 4–5（a）]，该论文每引用一篇作者 2 发表的论文，就会给作者 2 增加一点被引数目。将作者 2 发表的论文按被引数量从高到低排序，可以找到一个 h 因子。所有位置序号小于 h 的论文，都被引用了至少 h 次 [图 4–5（b）]。h 因子很高的人数少之又少（如本图底部所示）

作进行评价的人都会看他们的被引数量和一些单一指标，这已经成为他们的评判标准中必不可少的一部分。不过，有时候（希望如此）他们也会在评判时考虑一些其他信息。其结果是，被引数量和名气成了科学家职业发展中的重要因素。由于论文发表被视为科学家生产力的指标，各国政府和经费提供者用被引数量和论文数量来比较不同机构的科研效率。一些高校的管理层甚至规定了每年必须在高影响力期刊上发表的论文数量。这加剧了竞争的白热化，还使得许多人在论文中夸大他们取得的成果。

释放“瓶中基尼”

不同科学家的被引数量究竟有多么不同？对这个问题，一种方法是收集所有科学家的被引总数和 h 因子，然后在统计学分布图中比较他们的分布情况（如图 4–5 底部所示）。于是，我们先数出所有被引数量为 1 的研究者数量，然后数出被引 2 次的科学家数量，然后是被引 3 次的……以此类推，一直到被引数量最多的科学家。最近几十年里，被引数量最多的科学家是美国约翰斯・霍普金斯大学的伯特・福格尔斯泰因。1976 年至今，他总共发表了超过 500 篇论文，总共被 293 153 篇其他人写的论文引用（至今依然活跃）。同一时期被引数量最多的 50 名科学家中，约有一半活跃在遗传与分子生物学领域。这 50 人无一例外全部属于生物学或医学领域，这反映出这些领域近年来发展如火如荼，也反映了这些领域的研究者喜欢大量引用前人的论文。但是，在被引数量大于零的论文中，绝大多数论文只被引用了一次。现在，想要获得更多引用越来越难了。真正具有极高影响力的论文是极其罕见的。

想要研究不同科学家的科研产出有多不同，还有一个方法是比较他们的“基尼系数”。基尼系数诞生于 h 因子出现的一百年前。同 h 因子一样，基尼系数也是用单个指标来进行比较，但它的目的是比较统计学分布中的不平等程度。在一个完全平等的分布（基尼系数为 0）中，40% 的人掌握 40% 的资源，70% 的人掌握 70% 的资源，以此类推。但真实世界中的分布不是这个样子。比如说，在生态学领域，超过 82% 的被引数量握在 20% 的科学家手中。将不同比例的资源属于多少比例的人口总结起来，就得到了基尼系数。基尼系数的取值范围是从 0 到 1。基尼系数为 0 代表完全公平，基尼系数为 1 代表一个赢家手握所有资源（如图 4–6 所示）。据估计，生态学领域的基尼系数为 0.8，这代表一个非常不平等的情形。基尼系数还被用来度量生物多样性。在这种情况下，横纵坐标变成了物种的累积比例和个体的累积比例。这样，它反映出在生态系统中，成功生存的个体或物种的分布多样性。不管在什

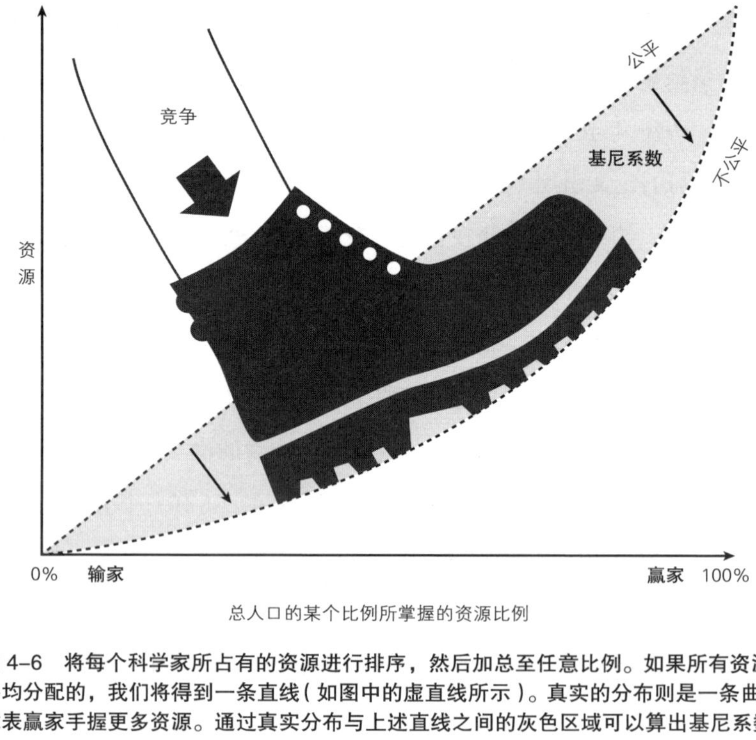

图 4–6　将每个科学家所占有的资源进行排序，然后加总至任意比例。如果所有资源是平均分配的，我们将得到一条直线（如图中的虚直线所示）。真实的分布则是一条曲线，代表赢家手握更多资源。通过真实分布与上述直线之间的灰色区域可以算出基尼系数

么系统（不管是民众的收入系统，还是地球上的哺乳动物系统）中，如果基尼系数上升，那一定有什么事情不对劲儿。如果一个国家的民众收入基尼系数很高，通常这个国家的人民脾气会比较暴躁，暴力犯罪的程度较高。

哪个学科更重要？

如果我是一名分子生物学家，我的突破性论文发表在《自然》杂志的可能性几乎是一名物理学家的 5 倍。实际上，在《自然》杂志上发表的最常见的领域都是生物学。其顺序是生物化学或分子生物学（占 42%）、遗传学、细胞生物学和动物学。而工程学只占突破性论文的 7%。为什么会这样呢？

有人可能会认为，其原因是《自然》的编辑团队对领域有偏见。但实际上，这个现象在科学界并不罕见，《科学》杂志过去 5 年的数据几乎如出一辙。最合理的解释是，一篇论文想要让领域外的人认为具有高影响力和很有趣，它必须要推翻一些公认的知识，也就是要“惊人”。事后说起来，真正“惊人”的科学成果是十分少见的，因为一个新思想既需要契合过去被广为接受的事实，又需要与新的观测数据相符，才能被“塞”进现有的知识网络中。生物学中依然存在一些容许新范式发生的回旋空间，因此，发表“惊人”的论文对生物学家来说略微容易一些。而工程学的知识网络已经非常缜密和牢固，如果出现令人惊讶的新事实，它们往往只能在局部起作用，连接和填补已有领域之间的空隙，因为只有在这些空隙中，知识之网才不那么稠密和顽固，依然容许变化的发生。

多年来，论文在各领域中的分布一直十分稳定。在过去 20 年里，在《自然》杂志每年发表的论文中，40% 为生物学或分子生物学，40% 为基因或遗传学，30% 为细胞生物学（这几个领域有一些重叠），而物理学则只占到可怜的 10%。不过，这个过程中也发生了一些变化。比如说，植物学和动物学研究论文在 20 世纪 90 年代末期都出现了急速增长，但最近都有所下降。这是因为在这段时间里，用植物模型和动物模型来进行基因组学和蛋白质组学的研究取得了许多突破（比如，采用与卷心菜和芥菜相近的开花植物拟南芥，而动物模型则主要是老鼠），继而达到了饱和。化学论文也出现了飞涨，翻了一番，最近增长到了 8%，这是因为在化学领域出现了一些开辟药理学和纳米科学新路子的研究。还有一些新的焦点出现在环境与生态科学。这个领域的研究论文在世纪之交增长了两倍，达到 10%，反映出人们想要对全球气候变化进行定量研究的浓厚兴趣。几家欢喜几家愁。除了这些赢家，也有一些输家，它们的比例在下降，比如生物物理学、免疫学、神经科学和天文学。这些领域在过去曾有过巨大的发展前景，但现在还没能实现对高影响力期刊的这一承诺。在出版记录中的这些层级结构中，清晰地刻画出追潮流和赶时髦留下的印记。

我们还可以追踪不同子领域的论文之间的引用关系，绘制出引用关系的“地图”，从中看出不同领域之间的交互关系（如图 4–7 所示）。图中可以看出一些关系，比如说，分子生物学和药物学之间的联系十分紧密，物理学和化学之间也存在较多互相引用，形成了另一座坚实的桥梁。用这些引用数据，我们还可以对不同领域绘制出更加精细的“地图”，从而对各领域进行更深入的研究，了解各领域之间的交流随时间的变化趋势。

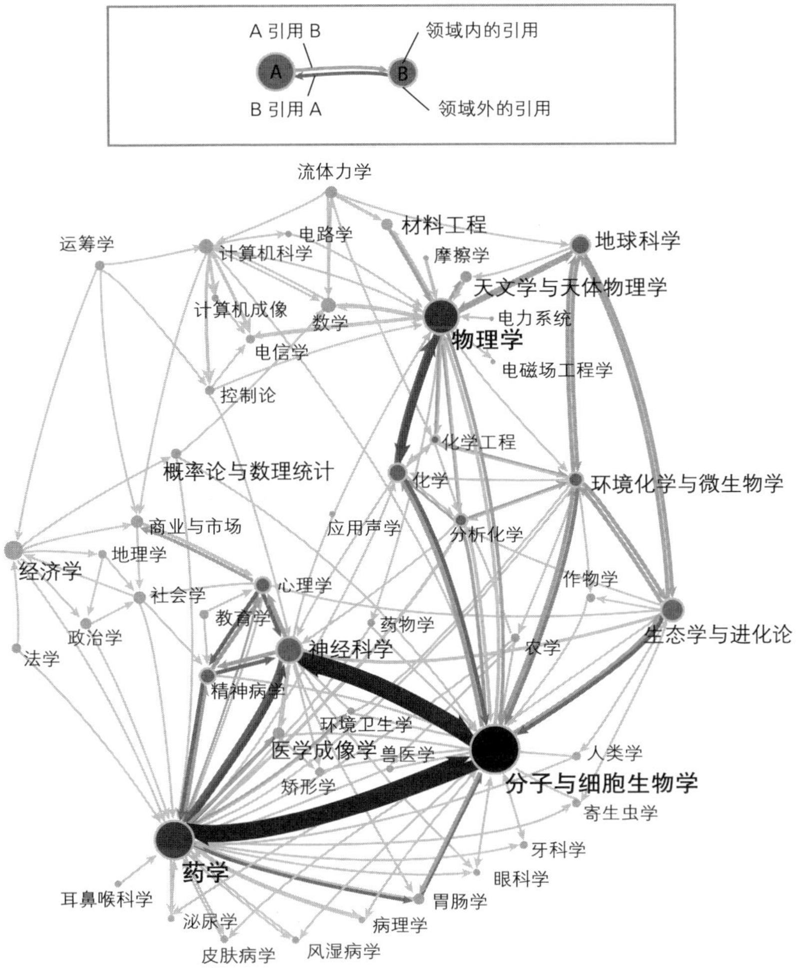

图 4–7　不同科学领域之间的引用关系图（经美国国家科学院授权使用）

论文署谁名？

在论文撰写过程中，第一作者通常由一名资深科学家担任，一般也是促成或领导该研究项目的那个人。但通常情况下，全情投入某科研项目中的并不仅限于第一作者一个人，而是有很多人。比方说，粒子物理学的论文最多可达3 000名作者，占整个领域不小的比例。还有一些领域中，某个小进展可能归功于少数几名作者的论文，但它的出现离不开整个领域的努力，竞争对手与合作者都立下了汗马功劳。那么，如何决定谁应该被纳入正式作者的名单，从而提升他们的h因子呢？这个问题为科学界带来了许多情感伤痛，在科学家之间撕开了许多罅隙，在他们的集体智慧中造成了不可挽回的裂痕。

关于哪些人得以被列入作者名单，公认的推荐做法是将所有贡献足够大，能让他们就该论文与其他科学家进行辩论的科学家都列进去。但问题是，有时候一篇论文涉及的领域过于广泛，不可能每个参与者都掌握论文所有部分所涉及的专业知识。还有一种做法是只列出最重要的贡献者，但这是一个灰色地带——最重要的思想可能来自与竞争对手的会谈讨论，也可能来自过去某篇论文的审稿人意见，或者来自几年前的某个同事，或者来自一年前已经完成学业、另谋高就的某个研究生，又或者来自有许多研究者参与的小组讨论，但只有一个人将其落实。

因此，与其白纸黑字地列出所有作者的名字，不如附上一份长长的名单，按贡献大小排序，名字的颜色逐渐变浅，字体逐渐变小。这种方法可能还不具备实操性，但已经有一些期刊要求科学家写明谁做了哪部分工作。对功劳进行详尽的划分对相关人士及其职业发展固然很重要，但对科学知识之网本身来说却百无一用。平等对待所有贡献者能极大地鼓励合作。其缺点是每篇论文的作者名单将变得越来越长，由发表论文带来的名誉越来越贬值，人们将越来越过度关注影响因子的地位。

多少论文有人读?

科学家希望有人阅读他们的论文。大多数论文在发表的头两年只会被引用一次。发表 10 年后，物理学的平均被引数量是 10~15 次，生物科学是 20~30 次。迄今为止被引次数最多的论文是奥利弗·劳里（Oliver Lowry）写的一篇关于科学方法的论文（截至 2017 年，该论文被引用 329 857 次）——关于方法的论文通常能得到更高的引用。这篇论文讲的是如何根据从黄到蓝的颜色变化来测量样本中的蛋白质含量。除这篇论文之外，劳里几乎默默无闻。与此同时，在某些领域中，几乎一半的论文从来没有人引用。

近年来，一些详细的研究显示，科学论文的命运似乎有一个临界点。大多数论文都处于这样一个情形：如果它们的影响因子略高一点点，它们吸引的注意力也会相应地提升一点点。但是，存在一个特别的数字，假如被引数高于这个数字，论文被引用的可能性会远高于上述随机效应（如图 4-8 所示）。每个领域的临界点有所不同（通常在 20~30）。这个现象意味着反馈的存在：一篇学术论文未来的被引次数与它过去的被引次数成一定的比例，普赖斯称其为“累积优势”。神奇的是，统计学模型在缺乏任何细节的情况下找到了这些规律（这本身就是一个典型的化简式科学成果）。看起来，当一篇论文在某科研社群中的曝光度达到一定的程度，在需要引用涉及某个子领域或某项技术的内容时，人们会选择只是提及该子领域或该技术，而不再详述任何细节。无独有偶，科学的新闻报道也同样依赖于一系列“模因”，我们将在稍后的章节中看到这一点。这种“择优连接”有一个副作用，那就是，富者更富。也就是说，已经拥有较多引用的论文在未来通常能得到更多引用（即便它们是错误的）。

目前，由于期刊可以通过互联网来访问，因此，他们可以记录论

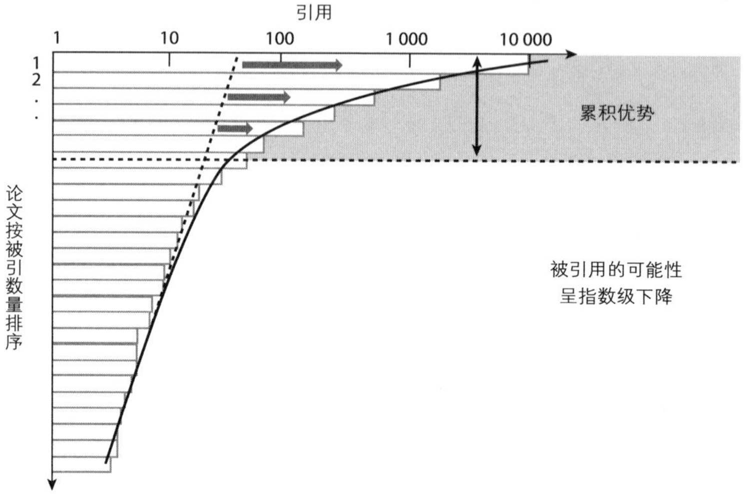

图 4–8 将科学论文按照被引数量排序，可以看出，极少数拥有极高曝光度的论文（灰色区域）吸引了许多引用，数量远超预期。这个现象只出现在被引次数最多的 20 篇论文中

文被访问的次数，从而催生了“阅读量因子”这个指标。尽管存在许多混淆视听的因素，比如说搜索引擎发出的访问，或者因标题接近而不小心带来的下载量，但阅读量和被引量之间似乎依然存在联系。据估计，阅读量通常比被引量多出 50~1 000 次，不过这个数字依领域不同而变化很大。

那么，那些从未被引用过的论文呢？我们能不能提前识别出它们，节省资源，以投入“更有用”的科学项目？这种做法可能会误入歧途。详细但晦涩的论文能帮助后来的研究者避免重蹈覆辙，节省时间和资源。但这样的论文可能并不会被引用，比方说，在某些情况下，它证明某个想法是行不通的，因此并不会被引用。因此，海量的零引用论文对科学世界整体来说也是一个巨大的资源，甚至可能比那些被引数量极多、很快成为该领域众所周知的基础知识的少数论文还有用。

成功的论文何以成功？

一篇论文的影响因子越高，被人阅读的可能性就会越大，但它们包含的深奥细节就会越少。这似乎与科学一贯强调的重要原则——“可重复性”相矛盾。“可重复性”是指，拥有该领域同样知识的科学家实施同样的研究，应该会得到同样的结果。省略一些小细节可能会让企图重复该实验的科学家沮丧不已。诚然，科学家很少会真正重复彼此的研究，因为这会花费过多的时间与经费，并且重复他人的研究并不能带来任何名誉。因此，他们往往会选择以他人的研究为基础，开展新的研究。一篇优秀的论文会给出足够的细节。

一篇论文如何呈现其科学性也十分重要。有时候，即便一篇论文拥有绝妙的思想，但却被埋葬在长篇累牍的技术行话和消极文字中，极少能遇到一位无私的审稿人决定帮助论文作者将故事讲得栩栩如生，更加有趣。在这个电子阅读的时代，科学家读论文就像我们普通人读文章一样，最多只是迅速浏览。审稿人和读者都是先扫视一下标题和初步总结，然后浏览图表——图表通常可以被看作讲述科学故事的“漫画”，一篇论文的图表讲述一个完整的科学故事。因此，一篇论文必须在许多层面上努力，才能有声有色地传达它的故事。

科学写作中最重要的一点是清楚。近年来，英语成了科学知识的通用载体，这是因为从 20 世纪 50 年代开始，英语国家的科研经费持续增加，与此同时，科学开始了全球化的进程。然而，英语越来越多地被用于表达情感和社会交互，并形成了一些言辞激烈的口语文化。这些现象无不加大了人们用英语来传达科学知识的难度。写作精良、被审稿人交口称赞的论文读起来并不像惊心动魄的小说那般吸引人，但它们言简意赅、平铺直叙，没有复杂的从句，也避免生动的比喻。有些文字，虽然我很喜欢读，但它们还达不到“科学英语”的最低标准，必须忍痛割爱。如果科学家能将科学的表述方式作为第二语言来学习，而不是将他们过去人生中累积起来的语言习惯一股脑地倾倒到论文中，那么，他们的表达会更加高效，言辞会更加流畅。

传播科学知识很难，但现在我们有了高质量的图片和视频，科学传播无疑从中受益匪浅。如果一个科研团队拥有能将科学知识熟练“翻译”成视觉形式的科学家，那将扩大他们的读者群——论文的影响力越大，图片的角色就越重要。期刊编辑也发现，漂亮精美的图片往往能吸引更广泛的读者群体，而这部分通常并不在科学合理性的考虑范围之内。有些领域（比如天文学）提供了大量漂亮的图片，而有些领域（比如遗传学）对图片的处理方式则完全不同。经费充足的大型科学团队也能在这方面获益。不过，虽然精美的图片能提高论文发表在高影响力期刊上的可能性，但这些“装饰”是促进还是阻碍科学之网的发展，目前尚不清楚。

竞争驱动知识的获取

本章介绍了科学家浸淫在“不发表就死路一条”的论文文化中所面临的挑战。激烈的竞争存在于期刊之间、编辑之间、构造者与化简者之间（对影响力的竞争）、大型团队与小型团队之间、学科之间、科学事实之间，也存在于所有科学家之间，而以最后这个竞争最为残酷和激烈。过去，对科学成果的评估较为微妙。而如今，科学界几乎已经实现了全球化，使得一些国际化的指标（比如 h 因子和期刊排名）成了评估科学产出的主要标准。这些“后顾性”指标关注的是论文过去的被引数目，其最为看重的是科学持续不断的前进步伐。

为了更为完整地描绘科学的生态系统，接下来我将探讨它所支持的一些“食物链”。我将科学生态系统区分为五个互相重叠的“科学圈”（与生物圈类似），每个科学圈都拥有各自的主要活动和角色（如图 4–9 所示）。这五个科学圈分别是人、知识、转化、经费和媒体。图 4–9 展示了本章的主要内容，新知识进入出版物的过程由不同角色之间的箭头表示，主要角色是学术研究人员以及由他们组成的研究团队，还有学术期刊。这个世界与外界基本上是隔绝的，它的驱动力来自内部的竞争。在这个生态系统的各个部分，论资排名的现象都十分普遍。

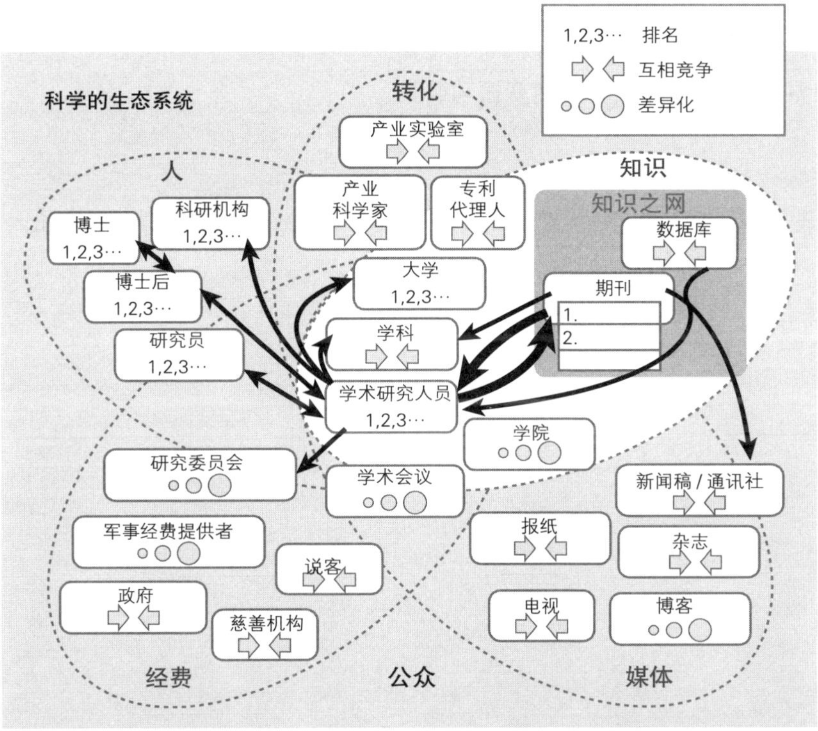

图 4–9　科学生态系统的知识“科学圈”中各角色（研究人员与期刊）之间的动态交互关系。每个部分都存在竞争（如图例中所区分），箭头表示最主要的影响

近年来涌现的各种啄序排名对科学家来说很重要，因为他们可以根据这些排名来决定读什么论文，帮助他们在信息的海洋中找到方向。但由于科学家数量的增长，当这片海洋变得越来越庞大，想要在不同的学科之间维持联系变得越来越困难。这个现象令人担忧。由于这种等级结构确实有用，它也加剧了期刊之间为吸引最激动人心的研究而展开的竞争，以及科学家之间为影响更多读者而展开的角逐。在本章中，我向你展示了这是科学生态系统中不可避免的一个方面，在那些不幸深陷其中的人的肩上无情地施加了竞争压力，而不管他们真正想要的是什么。我们将在后面的章节讨论这个现象对科学成就、科研经费以及什么科研项目得以开展有什么影响。但本书的下一章则是讲述科学家如何彼此影响。为此，我们将目光从纸笔写就的文字上移开，侧耳倾听一下科学中有哪些声音振动鼓膜。

第 5 章

科学家“听说”的科学

科学家获取信息和见解并不是主要通过公共渠道。相反，他们的动机、职业结构、愿景和努力的影响主要来自他们对科学的直接参与。我们在上一章中看到了电子出版的重要性，而科学家们“听说”的科学主要来自全世界各地的各种聚会和会议。

在本章中，我将探索学术会议系统如何支配科学世界，以及这种支配为何越来越不奏效。我将展示，这种参与科学的形式实际上并不受其从业者的控制，尽管他们全权“负责”这些活动的运行。我将探讨一些问题，包括为什么我们需要学术会议，为什么会有不同类型的会议，以及为什么科学家会选择参会。接着，我将转而讨论学术会议是如何运作的，以及它们所面临的选择压力——正是这种选择压力塑造了科学的组织方式。接下来，我将提出我的观点——我认为，目前学术会议的数量太多了，导致会议的相似度过高。然后，我将提出一个问题：学术会议如何才能应对挑战，提高创造力？

科学家为什么参与学术会议？

会议“旋转木马”

20 世纪 80 年代之前，科学家每年会参与一两场国际学术会议，会见他们子领域的同行，讨论最新的成果或研究方向。而今天，我认识的成功科学家每年如走马观花般参与超过 20 场会议。是什么因素导致了学术交流的巨大增长？这种增长又如何改变了科学的性质呢？

大规模科学突破的速度似乎远远跟不上学术会议增加的速度。这说明，学术会议的增加并不是因为科学家们必须跟踪新的科学成就。诚然，从事科学的人越来越多，他们取得的科学成就也越来越多，但却鲜有什么激动人心的成果能极大改变某领域的既有观点。大多数学术会议上也鲜有完全前无古人的新成果。大多数情况下，只是一波接一波的小进步。尽管如此，科学家们还是花费越来越多的时间，在世界各地的学术会议上聚首。接下来，我将讨论个中原因。

一个重要而明显的原因是出差的经费越来越多。即使在第二次世界大战之前，不同国家的科学家组成的跨国网络纤薄又贫乏，人们依然鼓励科学家们彼此交流。科研机构和科学家个人争先恐后地用自己的经费来举办声名远播的学术会议。冷战时期，各方面变得极不透明，催生了各个国家之间维持对话通道的需求。这时候，顶级科学家们竭尽全力，想让科学界在其他领域之前优先开放国际交流。于是，各国政府开始向所有相关人士（甚至包括来自“敌对”国家的科学家）均可参与的科学学术会议提供经费。

基于此，欧盟科研经费持续增长，保证了欧盟国家科学家之间的交流越来越畅通无阻。一系列“框架项目”和“展望计划”提供的经费构建起了横跨欧盟版图的科研网络。欧盟严格规定，这些科研经费中必须有相当大一部分用于举办协作会谈、学术会议以及教育年轻科学家的培训学校。这项政策极大减少了欧盟各国因彼此隔绝而开展的重复性工作。合作项目促使科学家们深思熟虑、未雨绸缪，从而提升自己的国际竞争力，与此同时，他们更加紧密地互相支持。然而，这些科学经费并没有被投入科研活动中，而是用来补贴科学家旅行的机票、酒店和餐饮费用。

参会经费的提升也意味着如今的年轻科学家能在攻读博士学位期间参与更多会议，尤其是那些参与国际合作项目的年轻科学家——这在 20 年前是十分罕见的。如果他们参与欧盟的科研项目，那么，每六个月，他们就会出差到一个新地点。在专业培训学校中，他们会聆听客座讲座，以加速他们的科研进程，结交领域权威，并与其他年轻科学家结下深厚的同志友谊——这些“同志”，他们今后会一次又一次地重逢。在美国、中国等国家，一些主要面向博士生的科研会议（比如戈登会议）也开始萌芽。对年轻科学家来说，这个趋势大有裨益，但目前没有数据表明这种趋势在不同学科、不同国家之间有何不同，以及对年轻科学家的帮助究竟有多大。

学术会议的“热潮涌动”，一部分原因是人们越来越能够在奔波的过程中工作。对成功的科学家来说，他们在旅途中反而能更容易深刻思考他们的科研工作，撰写期刊论文，接触新思想。等到他们回到家时，脑子已装满了旅途带来的积极影响。虽然在旅途中，他们不能随意踏进一个实验室、同那里的学生进行心血来潮的讨论、为他们提供帮助，也不能着手制备新样品，但活动的大大减少也是蛮好的。当他们远离办公室的杂务，远离熟悉的朋友圈，反而能完全沉浸在纯粹的科学当中。这个现象在理论学家中更为显著，他们已经成了一群漂泊不定、四处漫游的浪子，被隔绝在众多不知名的同行旅客中，并在旅途中获得了大量工作时间。他们不仅可以远程使用计算资源，还可以随时方便地与主要的合作者沟通。每当我发电子邮件给我研究理论的同事，我都完全不知道他们环球旅行到什么地方了。

会议之诱惑

科学生态系统为科学家提供了旅行经费，从而鼓励他们参与学术会议。虽然他们在参会的旅途中获得了思考的安全空间，但实际上，存在更经济的方法，也可以实现同样的效果，比如说，坐在安静的图书馆或嘈杂的咖啡店里工作。那么，是什么吸引科学家每年参加这么多学术会议呢？

首先，倾听科学家们谈论他们的研究其实是一件鼓舞人心的事情。演讲通常被压缩到有限的时间里，有的方式是由相近领域的科学家们每人轮番演讲 10 分钟，有的则是长达一个小时的主题演讲，介绍在某个话题上多年努力累积的成果。这种对时间的压缩使得听会者能迅速提取关键问题，或注意到某项能催生更深思索、带来更多进步的技术。对我而言，我能够在这些演讲中确认我不是在重复他人的工作，也不是通过“偷听”我不熟悉的主题演讲来与一些好点子不期而遇，以收集新思想，受到科学之趣的启发与鼓舞。我还能够从这些演讲中形成关于新兴领域的优势与深度的意见。

科学的人性化一面

第二，对年轻科学家而言，能在学术会议中目睹过去只存在于电子形式中的东西（主要是指对着电脑屏幕阅读研究论文）“咻”地转变成一大堆争论不休的人类，简直是大开眼界，对他们具有启示意义。它将一种局部性的活动融入了一个全球性的“部落”，这个部落能让你找到归属感。学术会议让我头一次意识到真的有人对我的研究感兴趣，有人尊重我的努力。他们贯穿于我们推敲庞杂数据、清晰直白地总结并写进具体摘要的整个旅程中。学术演讲往往发生在这个过程中的某些时刻，而在这些时刻，结论与繁杂往往同时存在。一般而言，科学家越年轻，就越强调过程，而老练的科学家则更强调具体的结果。每当我听到别人在演讲中以各种截然不同的方式介绍我的研究时，我是十分吃惊的——有的人直捣重点（一般是年长一些的人），有的人则显得犹豫不决（一般是年轻一些的人）。因此，学术会议也展现了科学的人性化一面。

学术会议还提供了一种神奇的快速教育，让科学家们能对不同的领域获取一些领悟。对那些想要引领研究前沿的人来说，学术会议以一种略带惩戒性的方式不断提醒着他们竞争的存在。每次会议上可能遇到的人多如牛毛，但只要这些会面能激发一个好点子，或者认识一个能引荐其他人的人，那这次会议就完全值得了。这些收获的效果并不是立竿见影的，而是需要会议结束之后几个月才能结出果实；有时候，一个好的收获甚至能带来经年累月的埋首研究。但是，现在的学术会议还无法有效地让每个人都稇载而归，也无法做到让每个人都既能与众多鸿儒谈笑，又能择其少数发展出进一步的合作。

争议在何处?

虽然许多科学家强调说，学术会议是一个争议和讨论的场所，但现在，它们却越来越不像这样了。我依然记得，当我还是一名年轻的科学家时，在一个听者数百的学术演讲行进过半时，一名科学家从观众席中站起来针锋相对、慷慨陈词，而演讲者也积极回应。二者各抒己见，讨论精彩纷呈。前几分钟，我感到一种作为观战者的尴尬，但很快，尴尬化解，我对该理论的问题有了更深刻的理解，产生了更有趣的想法，并对双方为何如此激烈地捍卫各自坚守的观点有了些许了解。但现在我参加的会议上却再也看不到这种公开的辩论了，这对科学来说是一个巨大的损失。因为真理越辩越明，矛盾往往能磨砺出坦诚的理解。

由于演讲时间被压缩，人们渴望被重视，积极参与的标准降低，导致许多学术演讲无法激发出任何问题。这个现象并不是对科学本身的反应——所有研究都能回答一些问题，同时产生更多问题。有的人可能会责怪说，是演讲者对科学的表现力不佳（既因为演讲数量太多，也因为每个演讲者在有限的时间内向观众传达必要信息的能力参差不齐），但一般情况下，科学家介绍自己科研成果的能力都挺强的。那么，他们的“好战精神”，或者说，他们对公开辩论的热情为什么降低了呢？

一部分原因是学术会议的议程十分紧凑，不允许心血来潮的干扰打乱他们的节奏。对演讲时间的压缩也榨干了讨论的空间。结果，利用这个空间来提问你个人的问题也变成了一种不受待见的行为。因此，尽管有证据表明科学家如今不愿意质疑彼此的权威，但真正的挑战在于如何让所有与会者感觉他们能够畅所欲言，对问题贡献力量。年轻科学家担心自己的问题“太蠢”，但事实是，如果他们感到迷惑不解，那很可能大半听众也都感到迷惑。如果一个问题引发了一连串其他问题，那么，这种挤进狭窄提问空间的“屏障”通常会自动瓦解。但当讨论渐入佳境时，往往也到了该进行下一项议程的时间。演讲者可以（他们也确实常这么做）延长分配给他们的演讲时间，以超时来避免回应质疑，因为此时，任何提问都不合时宜，不受欢迎。比如说，再固执严格的会议主席面对一个滔滔不绝的理论学家都无计可施，根本无法让对话朝着学术会议应有的方向前进。

因此，有人尝试了一些新的会议组织方式。我所知的最好方式之一是迈克尔·法拉第在 100 多年前创始、如今由英国皇家化学学会运作的一个会议。在这个会议中，演讲者必须在会议一个月之前提供一份关于他们研究的书面报告，这个版本会在所有人之间流通。在会议中，他们只有五分钟的演讲时间来介绍这项所有人都理应读过的研究，接着，是长达半小时的辩论。讨论的过程会被记录下来，经过编辑之后，会同原始研究一同出版。辩论缓慢演化，剔除了所有不值得信任的部分，或者开启了全新的讨论空间，远远超出演讲者最初引发的范围。在这种方式中，没有躲躲藏藏，也没有对议程的操纵。这种方式要求听众投入更多精力（他们在到达会场之前必须阅读几十页论文），对参会者来说受益匪浅。但是，在参会人数超过几百人或者会议所涉科学领域十分广泛的情况下，这种方法不可行，因为这种会议每天只能提供八个演讲时间段。也有一些会议采取不那么极端的方式来鼓励听众参与，但效果乏善可陈。因此，大多数科学家都承认，虽然他们每年参与的会议多如牛毛，但他们更喜欢小型会议。

展示技艺

因此，科学家参加学术会议并不是去听人们就科学进展展开辩论的。在他们的准备工作中，大部分精力都花在了如何向人们展示他们多么熟练地掌握和精通他们的研究，如何完全地将其“驯服”。他们极少向众人暴露他们目前存在的问题、他们对其成果的担忧以及研究的细节。大多数情况下，他们想展示他们已经完全解决了所有这些问题，因此，听者只需接受即可，而无须带着创造性思维参与思考，从而为科学做出更多贡献。参与者不再质问很多问题，这不足为奇，因为这些演讲往往注重消除清醒头脑中的疑虑，从而也扼杀了可能存在的合作性贡献。

科学家之所以如此专注于参加学术会议，还有一个关键原因是想在同行心中留下深刻的印象。他们的目标在于展示成功，强调重要性，证明自己在行业中具有领导地位。竞争对科学是有用的，但是这些价值成了会议演讲文化的主要部分，抑制了许多其他的价值。展示中极少出现矛盾、混淆、相近或模糊的成果。这些在参会的年轻科学家们心中留下了难以磨灭的印象，但同时也让他们感到胆战心惊：别人似乎都是当之无愧地功成名就，而他们的成功似乎又是如此不可复制。

从生物学的角度来看，这种行为与动物（不管什么性别）为吸引配偶而进行的婀娜多姿的求偶行为极为相似。展示方式引人注目的科学家在啄序中的排名会直线上升，显示出这样的人对科学环境的适应性极佳，他们的“模因”也更容易在科学的“生态环境”中占主要地位。他们能吸引更多经费，并间接吸引整个社会的注意力。随着一代科学家孕育出下一代科学家，我们以这种方式保持并改善整个科学界的健康。这种过度的“炫耀行为”可以帮助我们在众多选项中做出选择。就像自然界里的求偶行为一样，这种行为对资源的利用并不高效，但它却是竞争不可避免的结果。每个新想法都像一只色彩斑斓的蝴蝶，在阳光下争相表现自己绚丽的翅膀，想要将点点耀眼的光芒反射到最远的地方，以吸引最好的配偶。可以想象，如果某些不同的学科之间缺乏足够的联系，没有形成一个联合的啄序排名，几乎没人做此徒劳无功的“不育交配”。因此，物理学、化学等学科以及它们的子领域之间越来越趋向于画野分疆、分而治之。

在这方面，科学家们不会放弃任何向别人展示他们研究的机会，因为这能提升他们的曝光度和价值。由于几乎没有科学家有时间阅读他们领域的所有论文，他们评价同行工作价值的方式是聆听他们的会议演讲，以及关注他们发表演讲的次数。学术会议已经成了评估科学家价值的重要方面，帮助人们确定他们在领域内的啄序等级，对他们的职业发展和机遇而言也是必不可少的一环。因此，科学家们常常处在“输出信息”而较少处在“接收信息”的状态。他们也适应了前一天飞到某地演讲、次日清晨飞到别处赶另一场会议的工作状态。这不仅减少了他们与别人，特别是与那些从未谋面的人交流的机会，还降低了辩论发生的可能性。这对科学来说真的是一个巨大的损失，因为人们需要科学泰斗，这不仅是为了从事他们自己的研究，还因为他们能为其他科学家提供真知灼见，推动其他人的研究。

连轴转的生活

参与学术会议还有一个可能的动机，那就是，与会者能将苦修式的奉献转变为生意人的生活方式。学术会议的议程设置通常期望科学家们在周末出行，并购买廉价机票（他们之所以能买到周末的廉价机票，是因为私营企业并不强制员工出差时选择周末航班，因此余票数量可观）。这样，科学家们留给爱人、家人和朋友的时间被压缩了，因为他们认为这些都比不上参加会议重要。然而，正是同样一批人（有男有女）在推行这种方式，使其成为常规，因为他们自己也是负责安排议程的会议组织者。每次我向某个会议委员会质疑这种安排时，都深感无能为力，没法改变这种“会议文化”。目前，没有科学家联合起来挑战这种“规范”，也几乎没有人公开讨论这个问题。说得最多的，乃是科学家们如何看待身为科学家的刻板印象。或许，科学家们相信我行我素、一心一意、压抑感情就能成功的神话，虽然他们自己的经验告诉他们这是错误的。有趣的是，科学生态系统的这种僵化现象是性别中立的，不因性别不同而不同。这是因为不管是在男性主导还是女性主导的研究领域，学术会议的运作方式都如出一辙。对所有这些现象进行反思，可以看出，少有人评价和追问每次参加会议所得到的回报是什么。

学术会议的决策者是谁？

在前面几节的讨论中，我们将科学家描绘成会议的被动出席者。但他们实际上也扮演着策动者的角色，要么是通过坚持独立办会的小规模委员会，要么是通过综合了大量科学家兴趣的学术团体来实现。那么，为什么人们想要举办学术会议呢？

科学家社群

学术会议总是倾向于搞成一个系列，每年或每两年举行一届，这使得它们在科学家社群的构建中扮演了重要的角色。如果一个子领域的研究者每隔几年就会例行聚到一起，那这个领域在各个层次都能繁荣兴旺。通过追踪相关科学家的进展，他们能最大限度地孕育出科研新思想。同时，会议还在资深科学家之间建立起了紧密坚固的网络，创造出了极高的信任度，从而开启了更多对话，极大促进了合作，推动了科研的进步。但不利的一面是，这种“小圈子”可能会排除异己，拒绝接纳那些挑战权威的人士。但年轻科学家得以在初入职场时就得到曝光，并能与资深科学家们屡次会面，接受他们的指导和培养。在人类社会中，当交流不再牵涉个人感情，失去了人情味，并且社群规模变得过大，互相支持的现象便消失无踪。这种“挖空”我们社会的现象现在也正在科学界上演。数字化社交网络目前并不能解决这个问题，因为问题的症结在于我们很难与越来越多的人建立紧密的联系，也无法为素昧平生的人提供指导。

在某些领域，比如研究者数量激增的年轻领域或者跨度广泛的跨学科领域，想要构建社群是极端困难的。极大或极广的领域无法被单个会议覆盖。相反，这种领域中会出现许多较为分散的小规模会议，它们聚焦的话题不同，但也有一些重叠。它们针对的群体也各有不同。只有当这些不同会议的目标人群有所重叠，并且重叠的人群足够大时，才能让思想和技术像潺潺溪水一般穿越峡谷与江河（地形地貌在这里的确是一个绝佳的比喻，能帮助你思考，如图 5–1 所示）。举例而言，纳米科技领域研究的是在微观尺度“搭建”物质，以及它们所具有的新特性。该领域涉及的范围非常广，几乎可以涵盖所有学科，因此，它最后变得十分分散，毫无“社群”的概念。这个问题很严重，几乎制约了该领域的发展，因为一个新思想无论多么新颖、成果多么迷人有趣，它渗透该领域的速度都无比缓慢。

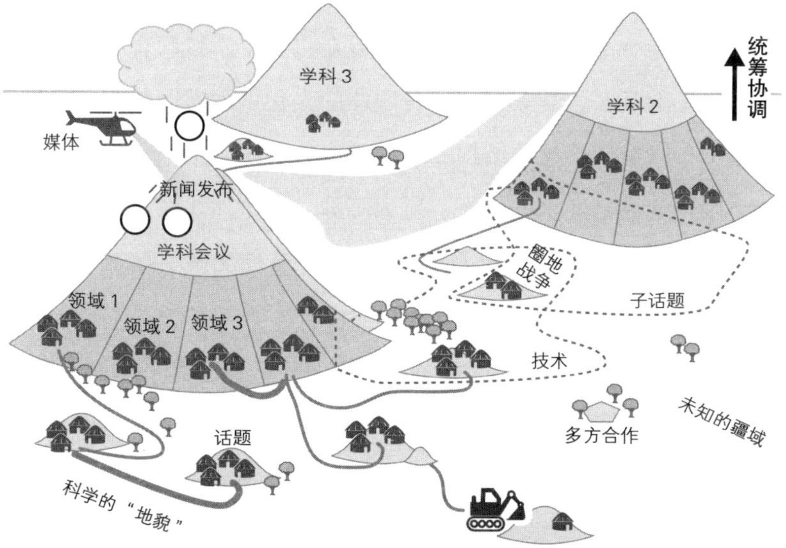

图 5–1　科学会议“地貌”中自然形成的边界和人为创造的界限

通常，每个科学社群都会举办一系列学术会议，以促进交流，加强联系。会议数量随着时间的推移而急剧增长的现象反映了其代表的科学社群拥有几个趋势：第一，跨学科研究的增长促进了新社群的建立，而这些新社群需要新的会议。第二，科学家的总体数量增加了，但他们从大型会议中获得的回报却在不断下降，这促进了小型会议数量的增加。第三，各个国家和地区共同体（比如欧盟）纷纷对具有战略性意义的领域采取行动，鼓励其科研社群的发展，从而产生了更多会议。或许，学术会议数量增加带来的最好消息是，它是许多真抓实干的科研社群真实存在的证据。

大即是美

这些科学家社群中，存在着史前巨兽一般的组织。它们是拥有几百年悠久历史的大型科学学术团体，拥有代表成千上万名会员的专业职员。这些团体与各个传统学科的渊源颇深，譬如化学、材料学和微生物学。它们举办的会议长达五天，旨在将各个学科联合起来，从而吸引了成千上万名科学家参会。各团体的文化根深蒂固地嵌入它们的会议当中，以至于会议的结构和规模被永久地固定下来，无法改变。这些会议的规模已经十分庞大、尾大不掉，但依然比科学家数量增长得还快。一些会议的年增长率达到了 6%，这种规模明显是难以持续下去的。

显然，并不是所有参会者都愿意挤到一个屋子里聆听同一个演讲，因此，他们会被分开，参与数量众多的小模块（有时候，同时进行的模块能超过 100 个）。从某种程度上来说，这些模块就好像同时举行的独立小会议一样。因此，在学术会议上常常见到的一个场景是：科学家肩上挂着会议发放的专用袋子，头发披散着，健步如飞地奔跑在铺着地毯的长廊上，从一个房间奔向另一个房间。决定去听哪一场演讲对参会科学家来说是一个左右为难的挑战，因为它们组织的方式很特别，需要做一些剧烈运动才能顺利到达。我总觉得隔壁的演讲似乎比我正在听的这个更有趣，这实在是令人沮丧。

或许，最孤独的场景莫过于瞥见一位研究者在台上激情四射地演讲，但台下观众席上却只稀稀拉拉地坐着三个听众，散落在一排又一排被遗忘的软垫座椅之中；而与此同时，外面的走廊上脚步纷纷，几千号人争先恐后、百米冲刺般奔向另一场演讲。在一场学术会议中，只有极少的模块能邀请到闻名遐迩的人来演讲，这常能吸引数量众多的参会者。观察各个演讲所吸引的人数多少，就像民主投票一样，可以告诉你目前什么话题最火热、最时髦，或者刚刚获得突破。

有时，我会在走廊上卷入“决斗”，只因偶遇一位没读过我论文的科学家或者一名同样试探我口风的研究员企图将他们的观点强加于我。有时候，对方是一名我想要合作的科学家，但我不太清楚他们是否值得信任。能找到一个在科学一隅与你拥有相同观点的人或一个在某个前景广阔的研究方向上能同你热切探讨的人，确实令人神采飞扬、精神焕发。我认为，这可能是科学家参加学术会议的真正原因——只为了经历那几个因交流而带来的通透时刻。在大型会议中，这些时刻少之又少。

学术会议还有一个弊端，就是它们必不可少地需要食物和饮料来起“润滑”作用。简短的对话需要咖啡，较长的对话需要一顿午餐，二者都不太适合补充精力（相比其他活动来说，比如我小时候常进行的在偏僻荒野上的漫步）。不管是作为社会中的一员，还是学术会议的组织者，我们都极少思考是否存在一些方式，不需要消费就能聚拢人气。我们也极少思考如何创造出让科学可以真正茁壮成长的空间。那些大型学科会议将整个领域的科学家聚在一起，却因为规模过大，变得十分零碎，无法培育出社群成长所需要的空间。

规模的另一端

我们已经看过了大型会议。还有许多小型会议，比如合作者之间进行的小型会面，或者某个研究网络的会议，人数最多只有几十人。这种会议可以令人很享受，也可能很烦人，这完全取决于参会者的社交能力。但是，经费提供者想要促进交流，这使得许多这样的会议每半年就会换一个新地点召开。

想要评估这种会议是否成功，只需要听听晚餐时的谈话就知道了。如果他们关心的话题是如何用电鳗来镀金，或者将充气望远镜发射到大气层等将科学与乐趣结合起来的点子，那么你就知道，这个会议能激发人们的创造力。还有一些会议并不是为了启发灵感，但在其他方面十分重要，比如实现一些大经费研究项目的目标，匹配研究的不同部分，或者权衡不同的方法。

为什么这么多科学会议的目的是为了实现职责，而不是激发创造力呢？人们又为什么组织这些会议呢？有些官僚机构要求经常开会，想要同他们理论是徒劳无益的——对经费提供者来说，开会是一种评估项目是否成功的手段。几乎没有人思考如何将一场会议组织得启发人心，以及如何创造最有益的开放空间。在小型会议上，科学家们通常不太清楚他们的目标是什么，因为“开放空间”并不是一个具体的结果，而是一个副产品。一个前进的方法是对会议组织者进行训练，让他们学习如何挑战参会者。

合作竞争：协作还是合作?

这种小型会议带来的最好机会是与其他研究者建立牢固的关系。“同事的同事”这种风格的组合能建立新的联系，也是一个建立信任和科学共鸣的好机会。信任对科学家来说非常重要，因为他们最杰出的工作通常来源于与他人的讨论，需要很多时间才能孕育成形，并以合宜的方式诞生于世。我需要我的同事替我保密，但他们不一定要与我的研究产生直接关联，也不必从中获利。

对政府资助的会议，公众作为终极经费提供者，可能会认为，不公开会议上的思想与其初衷相冲突。或许，所有的想法都应当在最早的阶段以电子格式记录下来，给任何有能力实现它们的人提供机会，让他们将其变成现实或者去伪存真。然而，尽管科学界中思想的流通十分顺畅，但想要将思想变成现实却难于上青天——一堆有趣的点子对科学生态系统来说，不如一系列通过实践得来的有据可循的事实有用。科学家提升地位的方法是不断向他们所吸引的观众呈现新的事实。因此，想要从我们对科学的投资中获得最大回报，我们必须允许科学家们“秘藏”尚不成熟的新想法，在友好的小圈子中畅所欲言地讨论，并从中选出最有前途的点子来向前推进，加以实现。

这种平衡也被称为“合作竞争”。关于这种平衡的讨论出现在社会创业的探讨中。如果一个商业公司想要以某种方式对社会做贡献，那么，将他们的点子送给竞争者或许是一个良策，不过这种做法可能会令他们自己破产。但是，这种观点认为，社会发展与人类的自负并不挂钩，竞争并不总是有益。如今，科学发展面临着一个挑战，那就是如何避免人们重竞争而轻分享——但别忘了，二者缺一不可。

科学家早就意识到，思想的开放流通与封闭流通之间需要达到一种平衡。他们希望别人看到他们拥有好想法，而目前科学界的竞争十分激烈，这意味着，不要等到花儿也谢了才公开那些尚未实现的好点子，否则可能被竞争者抢先。在这方面，学术会议是一个理想的场所，因为演讲是非正式的，也不用对其负责。最好的想法通常会在讨论中自发产生，而不会源自独自坐在办公室里冥思苦想。在讨论中，人们被迫在短时间内飞快地阐明自己的想法，捍卫这些想法，并与聪明绝顶之人唇枪舌剑。这能够刺激思维，激发出绝佳的奇思妙想。这样，我们在与他人讨论的过程中，不仅对自己的思想进行改进，同时也将这些思想自由地表达出来。

因此，与其说小型会议促进了学科聚会，不如说它们为科学家提供了绝好的机会，以加强彼此的联系，进行头脑风暴。不过，每场会议激发的活跃度与创造力水平参差不齐。通常，它们举办的初衷是为了迎合经费提供者的要求，而不是为了科学。

专题会议的“中间地带”

在巨型会议和微型会议之间，存在着一些中等规模的会议。参加这种规模的会议更为常见一些（如图 5-2 所示）。参会人数最多大概在几百人左右——通常，一个专题会议会邀请在同一领域内相互竞争的科学家。世界各地的许多团队会派出代表参与长达几天的讨论。从实际操作而言，这种会议组织起来相对容易，平行进行的模块和演讲通常只有一两个，所有人可以在一起用餐，形成一种更紧密的社群的感觉。这种会议的规模通常等于该领域的规模，这并不是偶然形成的。

英国人类学家罗宾·邓巴在 1992 年提出，从灵长类动物的社群推断，在人类社会中，一个人人都互相认识并知晓彼此地位的社群规模上限是 150 人。超过这个数字，想要将人群聚合在一起，就需要引入法律、法规和规范等概念。依赖彼此合作才能生存的群体最好是在 150

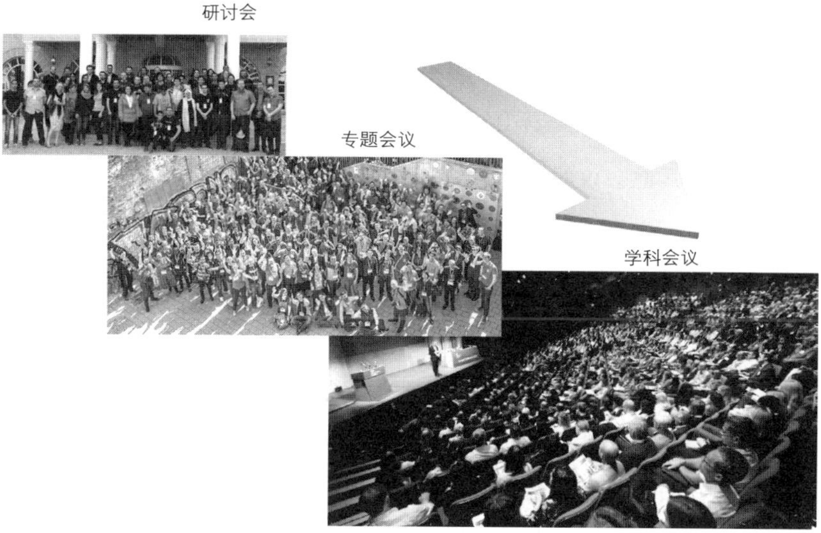

图 5–2　研讨会、专题会议和学科会议。研讨会的照片来自“驶向交通业的脱碳”研讨会，专题会议的照片来自第七届国际纳米管科学与应用会议，学科会议来自美国临床肿瘤学会年度会议。资料来源：Habib M’henni/Wikimedia Commons; Jason Krüger/Wikimedia Deutschland

人的规模，比如说新石器时代的村落、罗马军队的分队以及成功的公司。高效的学术子学科的人数一般也是这个规模。一场有效的学术会议的最多人数也接近这个数字。不过，还没有人对这两个方面进行深入研究。如果一个子领域的规模与 150 人相去甚远，会发生什么呢？我们尚不清楚。

在专题会议上，人们会理所当然地认为，参会的每个人都拥有相似的教育和科研背景，因此，宣传册中不用重复介绍每个人，这增进了“社群”的感情。要在半小时内介绍过去一年的科研，这意味着参会者们需要口若悬河。于是，演讲的信息含量很高。这时候，科学家能迅速学到很多知识，这远远快于阅读该演讲所谈论的研究论文。

专题会议适合什么?

在学术会议的发展过程中，还形成了一个规范，那就是会议的最大长度。你可以让科学家们待上一个星期，但是由于他们尚有教学任务在身，或有其他会议时间相冲突，他们会变得难以捉摸，神龙见首不见尾。因此，一个专题会议的长度通常限制在四天半的时间内。在几天里，通常有二十几位特邀嘉宾发表演讲，每人演讲半小时。除此之外，可能剩下五十几个人，每人只能演讲短短 15 分钟，才得以塞进会议议程。因此，亮相的时间异常宝贵，竞争非常激烈。150 人规模的听众可以装进一个会议室里，他们能产生足够的归属感，并激发睿智的探讨。如果规模超过 150 人，就没人会愿意提问题，讨论戛然而止，科学的火花会产生在会议室之外的走廊上，而不是会议室之内。

科学家们在被他人倾听，而不仅是聆听他人时才能茁壮成长。想要给他们一个被人倾听的平台，就必须说服科学家参加会议。每次台上有 75 个人演讲，台下就有另外 75 个人在座位上烦躁地搓手顿脚。为了解决这个问题，会议一般都设有海报专场。在海报专场中，每个参与者将自己过去一年的工作用卡通图片、图表或文字的形式打印在黑板大小的光滑海报上。随着会议的进行，这个摆满了海报板的房间变得人声鼎沸，因为参与者不再守在自己的海报旁边，而是走来走去、四处浏览，与其他研究者高谈阔论。此时正是一个挑战他人的绝好机会，让你能够真正质问某个研究者这些结果是如何得来的、实验是如何设置的，以及为什么你不同意他们的结论（因为在海报专场，参与者几乎无处躲藏）。这些辩论的旁观者担当着观察者和劝解者的双重角色，但只有只言片语能留在人们的记忆中。

在海报专场可以看到这样一个景象：一名年轻的科学家沉默地伫立在印满蝇头小字的海报前，面露乞求的神色；偶尔经过的路人从上到下迅速打量一番这密密麻麻的海报，然后匆匆离去，前往附近一张明显更有趣的海报。这番情景就好像售货员乞求着顾客买点东西，却只能眼巴巴地看着他们纷纷离去。打印出来的海报不可能在眼下随便修改，不过最近也出现了一些会议采用大块平板显示屏来展示海报，并允许播放视频和采用动态广告的一些元素。这种举措进一步提高了人们对海报的期待。我预测，接下来将出现的是华而不实的图片、虚拟现实以及针对科学家的广告。

专题会议如何演化？

随着科研成果越来越多，这种类型的会议会发生什么变化？如果它们的规模保持不变，那么，争取参会机会的竞争会越来越激烈，或者，会议会分裂成若干小会议，变得分散。专题会议是属于整个子领域的，即使在其中出现了新的研究领域，科学家们也会固执地坚守过去的研究领域。他们竞争在会议上演讲的机会和时间，这种竞争日渐白热化，促使人们想要为新的子领域召开新的会议，尤其是在感兴趣的研究者日益增加的情况下。那些在新领域扮演领袖地位的科学家一有机会就会跳出来，举办新的专题会议，但这只有在他们拥有多方经费支持的情况下才能实现。

但在大多数大规模学术团体中，想要开设新的专题会议的程序都比较简单。他们为其提供了一些支持性的基础设施，并帮忙向其目标社群广而告之。只要你有一个好的科学项目，那么，新会议的组织者就很可能成功拉来足够的科学家参会，以达到收支平衡，并提升国际知名度。有时候，国家或地方上的考虑也很重要，因为官员们很愿意向来自全球各地的知名科学家展现他们的忠诚，这让他们感到很骄傲。而在当地组织会议的科学家也能因他们在国际交流方面做出的贡献以及他们的国际地位而获得嘉奖。也正因为如此，我们常常看到在学术会议的开幕式上，科学家们一脸茫然地望着台上的政客们长篇大论地大谈特谈当地的经济形势或者在高科技方面的领导力。似乎每个国家都怀着雄心壮志，想要发展“知识主导的经济”，大呼口号，但在行动上却泯然众人矣。不用说，没有人会在会议开幕式上提及这个亟待回答的问题。

一旦一个专题会议成功举办数年，它的生命力会变得十分顽强。一个新会议的诞生总是带有一定的试验性，往往只有少数几个人一砖一瓦地亲手搭建。不知不觉中，这个方兴未艾的新社群开始对这个会议抱有许多预期，并觉得自己有责任参与后续会议。领导层的人数增加了，权威与责任的范围也随之扩张，从而有更多人来分担职责与过失。接着，这个系列的专题会议会成立一个由“同事的同事”以及各领域代表组成的科学顾问小组。他们的宗旨似乎是“向下一次会议前进”，并争取在财务上存活下去。如果有人（比如我）抱怨某个领域的学术会议可能已经太多了，最好取消这个会议，那这个会议就倒霉了。因为道德的因素，任何讨论都不会建议一个学术会议“自杀”。因此，想“杀死”一个学术会议的唯一方法是将其合并成一个更大的群体，或者将其分裂成若干个小型会议，让其重新恢复活力。

没有人认真思考过这些问题。不过，人们在这方面花费了许多精力，进行了许多实际工作。合并专题会议毫无疑问是令人不愉快的，因为这需要打破许多边界，创造出一个相当臃肿的混合物。而当专题会议分裂时，参会者必须做出选择，要么选择放弃一些会议，要么只能全都参加，这让他们的参会日程变得更加紧张。因此，正是全世界科学家的总数在不断增加，才导致会议组织者选择增加会议数量，从而导致会议整体数量增加。学术会议鲜有“自然死亡”。这一现象仿佛也印证了人类寿命延长对社会的影响，那就是——人口爆炸。

会议间的竞争

学术会议之间的竞争压力并不大。科学家通过组织会议可以获得很多东西，升职和奖励也可能取决于科学家在领域内参与了多少组织领导工作。因此，组织一场成功的会议，并保证在会议上展现优秀的科研成果，对组织会议的科学家来说十分重要。会议组织者要完成的一个重要任务是劝说声名显赫的同行科学家前来参会。一个会议被取消，会影响组织该会议的科学家在领域内的名誉，也会影响他们在该领域投资者心中的形象。

虽然发表科学论文显然是一件受人尊敬的事情（正如我们在上一章中所看到的那样），但是，在学术会议上发表演讲却并不一定如此。能获得在大规模会议上发言的机会，显然是非常值得的，但是科学家们也心知肚明，这种机会不允许你自由地讨论新科学。有经验的科学家乐于看到他们的会议规模增长，因为这表明他们在科学界的地位提升了，在国家高层领导人面前露脸和游说的机会也相应增加。只有在专题会议上，你才能遇到真正想要交流的同行，但它们的规模日益膨胀，可能很快也会变成无人愿意交流的大规模会议。

扼杀一个会议还会减少主办方城市政府在科学方面的投资。今天，地方政府鼓励所有学术会议评估它们能对当地产生多少"利益"。一般情况下，他们使用"活动影响计算法"来计算前来参会的科学家为当地经济增加的收入总和，比如机场、出租车、酒店、场馆、餐厅和酒吧等。这种计算法得到了地方政府和贸易组织的支持，但它却完全忽略了其他方面的影响：花掉的时间、混乱的管理、对环境的影响，以及是否对社会真正产生了利益。说得更直白些，这种计算学术会议影响和利益的方法是毫无意义的——学术会议需要放在科学生态系统中来考虑。

为活动提供财力支持的投资者们支持这种计算方法。科学经费的总体增长与在会议上的花销的比例之间并无关联。经费提供者认为，科学家被邀请在会议上做演讲理应是一件好事，能带来更多关注这个话题的研究者。在科学生态系统中，没有人明确研究过到底有多少学术会议是值得参加的。有人可能会说，在一个会议上，哪怕只有一次值得的会面，那也是有益的，但你得考虑机会成本。经费可以用在其他地方，更重要的是，时间可以花在其他活动上。

在这方面，科学家们缺乏足够的自我反省。因此，没有人统计过每个人参加了多少次学术会议（虽然会议网站上都有记载）。目前，人们评判一场会议是否成功的标准是：它的收支是否平衡？来的人足够多吗？他们下次还会来吗？其他细节数据都被视为不用细说的约定俗成，譬如说宴会的最佳规模、海报专场的时长、食物和饮料的数量等。如果一个会议缺乏长期领导班子，它的风格就总会变来变去，而一年一度的固定会议又难免走向僵化。关于什么才是正确的方式，人们观点不一，缺乏共识。但这些讨论没有一个聚焦在如何让研究者碰撞出思想的火花。

让我们想象一下，科学家们在每年用来参加会议的时间中，拨出一个星期，一起讨论近期的研究方向。他们不用出差，只是通过网络交流的方式，花一个星期的时间来彼此合作，对一个子领域近期的进展做出一份联合报告。其他人也可以用电子媒体和非正式的方式来参与，寻求团队共识而非个人意见，帮助研究者们在不断涌现的新论文中找到方向。关键是要找到一种方法来奖励那些开发这类活动的个人。

活动结束后，科学家可以继续回到他们原有的会议系统，因为目前还没人想出，也没人资助不同的系统。学术会议依然可以照常运行，为人们带来新的洞见和创造性，并解决问题，但只是周期性地发生。科学家还形成了将整个科学生态系统维系在一起的“生命线”，尽管这个网络的绳索越来越短，网眼越来越密。结果，科学家被有意识地当作消费者对待，于是，他们只好像消费者一样做出选择，挑出那些他们想参加的会议，而拒绝那些他们不想参加的会议。

科学家想参加什么会议?

家，给予我们安全感；家，保护我们的财产。在家里，我们可以不拘礼节。那么，一名科学家可以将多少个学术会议视为自己的家呢?想回答这个问题越来越难了，因为每个科学家所涉及的子领域的数量和他们能参加的会议的数量在不断增加。在职业生涯的早期，他们几乎得不到任何指引，并且，不同领域的情况也非常不同。

面对各种在国外举行的学术会议公告，年轻科学家总是垂涎三尺，不断向他们的老板灌输这个会议在业内的地位多么高。最令科学家欣喜和振奋的一件事，莫过于国际的联系了。但是，参会的差旅成本是很高的，包括机票和酒店，还有动辄几千美元的参会费。因此，将经费花在这方面，老板们总是需要慎重考虑，除非参会的原因真的非常吸引人。

对一名刚完成第一个项目的年轻科学家来说，这是一个机会，可以将自己的研究成果分享给其他科学家，同他们建立联系，并第一次感觉自己属于该领域的一分子。他们能获得一种归属感，仿佛那些在实验室里加班加点、夜以继日工作的日子都值得了，而不会惊恐万分地感到其他人都比自己聪明。研究导师希望自己的学生一有成果就立刻去参加会议，这样可以激励他们（更加努力地工作）。一方面，这可以让学生们看到科学界的竞争有多大；另一方面，也可以让他们意识到全世界有多少人在研究同一个问题。他们希望学生们带着更广阔的研究视野回来，并开始思考他们自己想要追寻的研究方向。

在科研生涯的下一个阶段，科学家们能够管理和控制自己的经费。此时，一切变得更加复杂。他们在子领域中不断与同行和竞争者发生交互，这形成了一个稳定的“部落”。在这个部落中，他们能一眼看到自己的地位。如果他们在一个会议中遇到了一群态度友好、兼容并包的科学家，那么，只要其他人选择继续参加下一次会议，他们也会很愿意再去参会。那么，这种会议最重要的优势就是科学家之间产生的气氛，而这种气氛会逐渐与会议打造的品牌联系起来。就像生物群落所形成的微气候一样，其优势正是庇护性和稳定性。

当人们认为某位科学家的研究工作十分重要，这位科学家就会被邀请到会议上发表演讲，而不再只是提交一份简短的摘要来竞争有限的演讲机会。“特邀演讲”可以成为简历里值得夸耀的亮点，因为它体现了这位科学家在业内是受人尊敬的。会议组织者之所以会压缩一些演讲的时间，正是因为特邀演讲会占据更长的时间，且竞争激烈。科学家很难拒绝会议邀请他们演讲的机会。在特邀演讲之上，还有另一个层次的演讲，其受到的敬仰程度更高，那就是“大会报告”和“主题演讲”。这两种演讲通常能吸引数量众多的与会者。于是，科学家们争先恐后想要参加最高规格的会议。而与此同时，正如我们看到的那样，学术会议也争相邀请最优秀的科学家。

位置，位置，位置

科学家们对参加什么会议的另一个考虑因素是会议举行的地理位置。欧洲的贵族们向高校和基金会捐赠了许多金碧辉煌的宫殿及城堡，用作会议场馆，因为他们意识到，最高贵的遗产莫过于投资人类的未来。科学家们总是能找到各种理由在这些漂亮的地方召开新会议，这再次增加了会议的数量。

建筑精美的场馆具有新颖的吸引力，但同时也带来了一个微妙的问题——交通不便。如果你正在海滩上享受灿烂的阳光，为何要千里迢迢赶往一个黑暗的小屋子里开会呢？意大利的山巅城堡固然壮观，远离尘嚣的山林木屋固然精致，但却极端不方便。每个科学家都有一箩筐关于出差的故事——下了飞机坐牛车，或者行李在散会时才被送到，或者被扔到意想不到的地方。2010 年，由于冰岛火山爆发，高层大气禁飞，我的学生从墨西哥打电话来求救，因为他们在会议结束后没法飞回国。我只好劝说他们别待在酒店房间里等着回家，出去在当地找点乐子，打发时间。

如何选择会议

科学家们选择会议的另一个因素是看这个会议邀请了谁来做演讲。如果演讲嘉宾的名字我全都知道，那这不是个好兆头，因为这意味着我只能一遍一遍地重复听同一批人的演讲，除了不断强化的“群体思维”外，学不到什么新东西。如果那些人的名字我一个也不认识，这也不是什么好现象，因为这可能意味着他们的研究并不激动人心。对我来说，很难在参会之前预测能否从会议中学到什么重要的东西，能否在思想的交流中受到激励，激发创造力。没有一个指标供人们衡量一个会议的“开放性”。

有时候，参加会议的压力来源于怕被人们遗忘的担忧。我在本领域内难道不再被视为一位重要人物了吗？我不再被邀请参与领域小圈子的对话了吗？我不再“重要”了吗？科学家之间的激烈竞争促使他们不断参加会议，尤其当竞争对手被邀请发表演讲时，竞争更是变得白热化。

即使我被邀请去参加一个会议演讲，他们也很难完全报销我的开支。科学家参会的开支来自国家政府和纳税人的支持。科学家越优秀，他们参加的会议就越多，但这也减少了他们真正投身科研的时间。因此，他们缩短了参加每次会议的时间，这剥夺了年轻参会者与他们辩论的机会，降低了意外收获宝贵观点的概率。会议邀请通常会提前几个星期甚至几年的时间，科学家很难当即决定是否接受邀请。一些人想以工作外的人际关系为重，这对他们来说更是难上加难。这种“选择压力”在科学生态系统中造成了不平衡，因为它只青睐具备某些性格特征的人，而没有考虑全局的利益。

由于学术会议的数量越来越多，如何传播会议想要传达的信息，避免其淹没在信息的海洋中，正变得越来越重要。正是这些信息驱动着全球科学家甘愿冒四处留下碳足迹的“不可持续发展”风险，也要飞来飞去地参加会议。除此之外，别无他法。

会议如何选择演讲者

我们已经看到了科学家如何选择会议，那么，现在我们来看看学术会议的生态系统。每个会议都想为组织者带来名誉。迷人的地理位置、名人演讲嘉宾、资深客户以及口碑良好的品牌，是所有活动都需要的因素。组织者必须尽早起草一个吸引人的会议议程，才能引诱“目标客户群”记下会议的日期，并开始申请前来参会的经费。

一个会议的科学顾问委员会决定了它的眼界及其所代表的子领域的范围，这初步决定了大概有多少人会产生兴趣，前来参会。接着，委员会会起草一份建议邀请的演讲者名单，包括特邀演讲、大会演讲和专题演讲。比如说，邀请一名诺贝尔奖获奖者来做一次专题演讲，每天邀请一位功成名就的科学家来做大会演讲。这能让参会者愿意清晨早起来到会场，并待在那里倾听演讲。

特邀演讲描绘出了子领域的范围。受邀嘉宾所在的组织往往会派其他人前来参会，因为受邀演讲者也希望会议获得成功。如果会议组织者想扩大目标受众的范围，那他们会选择组织一些话题时髦的专场，来抓住潜在受众的想象力。由于新领域通常还没有太多可供展示的成果，这些专场可能很快开始彼此抄袭。

演讲者“旋转木马”

科学家组成的委员会如何挑选演讲者呢？他们经常会挑选他们最近在其他会议上听到的好演讲。这种做法十分常见，但是这会导致过度使用同一小撮著名的演讲者。这些人从一个会议跳到另一个会议，但他们的科研工作却进度平平。对那些在其他会议上听过他们演讲的人来说，尽管这依然算得上一场成功的表演，但不再激发出新的创造力。这种做法还有一个后果，就是会让其他科学家着急上火，也想要跻身这一小撮人的行列。

一名科学家一旦进入这一小撮人的行列，只要他能吸引众人来参会，并在大众媒体上具备了号召力，他们就会成为名噪一时的时代人物。任何会议，只要注上他们的名号，就好像镀上了一层金子一般。他们接到的演讲邀请会如雪片般纷至沓来。这时候，许多演讲者会对自己获得的地位感到懊恼，因为此时的他们更像娱乐界人士而非科学家。明智的演讲者会开始疑惑，如果他们畅所欲言，是否依然会获得同样的奉承。在这些声名远播的著名科学家面前，许多人没有勇气提出质疑。当然，如果他们的科研成果不值一提或疲弱无力，追捧的众人必将逐渐退散。并且，时间会淘尽砂砾，让真正为科学做出贡献的少数人闪烁光芒。一场会议要成功的一个前提条件就是如何驾驭这座由一小撮时髦演讲者组成的旋转木马。接着，它可以用来确保会议获得重要投资人提供的经费，保证充足的财务预算。

选择演讲者的另一个考虑因素是口碑。会议组织者会和同行们讨论，倾听他们的意见，看他们想听谁的演讲。组织委员会的组成考虑了国籍、性别和经验等因素。委员会成员通常都很爱国，会推举他们自己国家的著名科学家来演讲。但在许多领域，越来越难搞清楚哪位科学家最近获得了有趣的数据和结果。哪怕身处同一个国家，许多研究者之间也缺乏联系，因为他们很少参加本国的会议，而本国会议所涉及的范畴通常小于国际会议。科学家常经历这样一件古怪的事情，那就是在世界另一端的某个学术会议上，终于找到几分钟的空闲时间与一名同行交谈，而这名同行的办公室不在别处，就在隔壁。

在创新的过程或任何生态系统中，真正新颖的东西很难有立足之地，因为其客户和赞助人均厌恶风险。大多数会议彼此都相差无几（如图 5-3 所示），这并不是因为它们采用的模型多么完美，而是因为这个系统粉碎了任何可能带来改变的契机。专题会议令人失望的一点就是它们有时会演变为一个由知名科学家组成的封闭圈子——你邀请我，我邀请你。许多领域都有一个传统，那就是避免邀请顾问委员会中的科学家来做演讲，但他们的“徒弟”却经常被邀请。这种封闭的委员会能存在很长时间，其稳定产生了令人舒适的支持系统，却降低了竞争，有时候也会阻挠整个领域进步的步伐。

产业内的信用

许多科学领域与实用技术之间隔着一定的距离。有时候，这意味

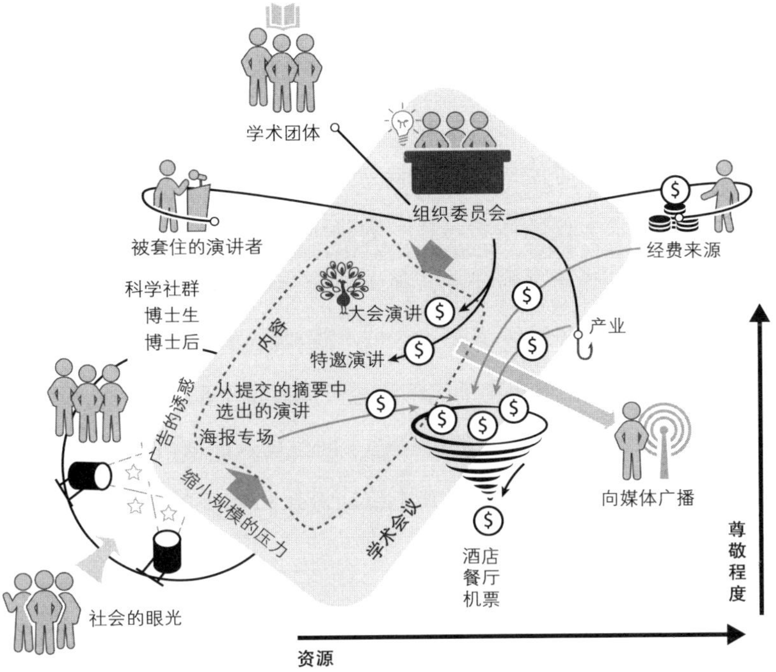

图 5–3　学术会议的模型及其压力

着他们对在产业中辛勤实践的产业研究者们抱有极大的敬意，经常恳请他们来学术会议上发表演讲。参会者希望产业科学家对他们的研究感兴趣，而产业科学家也对其领域内的基础研究抱有浓厚的兴致，从中受益良多，并将理念带回产业中。在一些基于应用的领域（例如工程或生物技术），企业内的科学家受到的待遇甚优，因为他们是直接参与新技术竞争的战士。但是，任何愿意花时间参加会议的产业科学家都无一例外成了无处不在的演讲者“旋转木马”中的一员。

挖掘钻石

会议在挑选演讲者时，除了考虑口碑和名人效应之外，还有一个更深入的遴选方式，那就是“挖掘”。意思是说，回顾去年该领域的期刊论文，从中搜寻做出有趣贡献的人。这个过程很花时间，但是能够极大提升学术会议的活力。在少数领域，这个过程还算容易。但更多时候，一旦我开始这项任务，很快就会感觉心烦意乱，迷失在科学成果的迷宫中，无法继续下去。这种“挖掘”方法有一个弊端，那就是，你可能会发现，你精挑细选的嘉宾可能非常不擅于演讲。对会议组织者和参会者来说，最失望的事莫过于期待良久的演讲结果十分单调、冗长含糊、节奏不适。科学家并不按演讲技巧来排名，也没有指标来评判他们的演讲技巧。

我经常感到，如果这个话题由我来讲，可能效果会更好。这通常发生在演讲者突然取消行程，我不得不说服某位同事来讲这个主题的时候。由于这种“替身”演讲者本身并不从事该主题的研究，并且在情绪上没有太过投入，因此，能够更好地将主要观点传递给观众。我怀疑，如果每个人都被要求演讲竞争对手的论文，那所有会议都能欣欣向荣。因为这样一来，他们就能报喜又报忧，而且，他们能将辩论和批评的机会留给众人。正如一篇好的书评那样，它不仅涉及该书所关注的问题，还能在更广的话题和材料上展开。这样的方式能为科学带来更多不偏不倚的观点。一些缺乏自信或没时间准备的演讲者想知道，他们是否可以聘请富有天分的演员来帮他们做演讲。虽然这种做法与目前科学界的一贯规范相违背，但它或许能够带来更好的对话，激发更高的积极性。在提问环节，可以依然由科学家本人来回答问题。这与让一名缺乏经验的学生来做演讲没什么两样。最主要的障碍是这些演讲者需要经费和培训。他们也可能会发展出他们自己的文化格局。

没有拒绝

专题会议一旦选出合适的演讲嘉宾，就开始广而告之，想要吸引尽可能多的科学家前来倾听演讲。在摘要提交的截止日当天，摘要申请会像雪片般飞来。会议委员会会从成百上千份摘要中精挑细选，选出一些人来做口头演讲，另一些则放在海报专场中。大多数领域的会议通常都不会拒绝论文，因为一旦拒绝，这些人可能就不来了，这会影响会议的收入。

会议收费的标准基本上都差不多，因此，参会费并不会影响科学家对会议的选择。一些会议的目的是盈利，要么是为专业公司，要么是为学术团体带来利润（二者都对年轻科学家的职业生涯进行投资）。然而，由于会议的组织者通常也是科学家，因此，收费和补助的金额都遵照大多数人可接受的水平，以此在经济上帮助参会者社群达到平衡。来自科学投资较少的国家（比如非洲、中东和南美的一些国家）的科学家以及处于事业起步期的科学家常能获得补助。这类投资能让学术界与身处冲突地区的科学家之间保持联系。每当我注意到一场会议几乎没有来自非洲的参会者时，我就会感到十分羞愧。

学术会议通过一个特殊的市场机制来运行。它们的维持所依赖的资源来自捐赠（差旅经费则主要由纳税人提供）。拿走一个会议，可能有一半的参会者并不会用另一个会议来取代它（所有的受邀演讲者）。增加会议的供给数量，并不会增加会议间的竞争，也不会降低会议的费用。同时，你可以不断增加会议的数量，而不会对参会费产生任何影响。不过，参会者的差旅经费总额会达到一个临界点，超过这个点，便不再有更多的经费供他们参会；并且，参会者的时间也是有限的。由于学术会议变得越来越国际化，潜在的参会者也越来越多。参加学术会议能获得很大的回报（学术地位提升），因此发展中国家和新兴国家在这方面提供了很强的支持。这种无弹性的需求（因为价格不随供给而变化）很像一种“刚需”，也就是必要的需求。对科学生态系统中的科学家来说，这的确如此。

系统对抗个人

学术会议数量的暴增是由科学家个人的利益驱动的。他们为学术会议投入经费和时间，并不时受到来自同行的各种诱惑与“胁迫”。对整个科学生态系统而言，学术会议能十分有效地在领域和社区间传播新信息（如图 5–1 所示）。那些以学科为基础的“巨型”会议聚集了许多相关领域的专题会议。大多数情况下，一个专题会议的知识都属于某个在科学界已经颇有建树的专门学科。最后，我们还拥有一些小型会议，参会者通常是合作伙伴。这种会议很容易将不同领域的人联系在一起，聚焦在某一个愿景或挑战之上。

知识在这样的网络结构中传播的速度有多快呢？这主要取决于每个与会者的多样性，以及他们参加了多少不同领域的专题会议。通常，一个会议构建的人脉网络是很有限的，因为参会的科学家大都聚焦在同一个子领域，只与相关领域有所往来。如果一个会议缺乏来自其他领域的参会者，那这个会议可能会成为自身网络的障碍。这是一个“渗透”问题，可以用谷歌来决定网页间联系及级别的网页排名算法来理解，也与我们社会中的“社会融合”现象十分相似。

增加专题会议的数量并不一定能改善知识的渗透，因此，一些微妙的行为出现了。由于社会融合只在局部发生（一个子领域的人数已然十分有限，被邀请作为演讲嘉宾的科学家更是凤毛麟角），增加人数只能提升局部的知识流通，而无法对全球科学界产生影响。要拯救知识的分布，唯一的方法是将具备不同知识、来自不同子领域的人们组织起来，进行一些小型的合作项目，这样才能实现知识在不同领域间的流通。这些分布稀疏的节点之间的知识扩散十分缓慢，但却能构建起关键的桥梁。

构建这种合作项目对科学生态系统大有裨益，但对个人来说，收获却不一定很多。他们可能需要付出巨大的努力，或许需要对一个全新的学科进行大量投入；与此同时，他们也需要承担巨大的风险。科学网络中的连接可能细弱而纤长，其中只有极少数真正能产出成果，给予人们新知识，或开启新的智识空间。这种合作并不一定能提升参与者的地位，反而常给他们带来迷惑。这种合作在每个学科的“楚河汉界”上打通了一些隧道，将不同学科的知识连接起来。正因为如此，只关注局部的旁观者只能盲人摸象、管中窥豹，很容易轻视其价值。我们接下来将看到，对这种合作的支持往往只是出于投资者的利益需要。

知识如何才能扩散得更快？为什么科学家从来不参加完全处于他们领域之外的会议？原因同上：收获颇低。在领域之外的会议上没有他们的同行，而同行才是他们愿意交往，并可能在未来互相帮助的人。在其他领域的会议上，人们仿佛说着另一种语言，因此，他们极少能在你目前的研究中激发出更多东西。他们经常会催促你完全放弃现有的研究，转而研究他们领域内的新东西。专题会议有时候会尝试在联系微弱的不同领域中邀请嘉宾前来演讲。对演讲者来说，这既令人兴奋，又极具挑战性。观众人人兴趣盎然，因为对他们来说，演讲的内容是闪闪发光的全新知识，而演讲者也并不需要太多背景知识，就能解释得很好。演讲者在这里扮演的角色就像大使一样，他们的主要作用是介绍该领域的概况，而不是讲授自己所完成的某一项具体的研究课题。很少有科学家愿意像这样放弃介绍自己的科研贡献，但是，我们应当鼓励这种“大使”性质的演讲，并加以奖赏。

在科学生态系统中，关注某个专题的子领域的“自我保护”色彩十分浓厚，仿佛保护着本族群的安全或自豪——利他主义和互相支持在整个科学界都十分有效。他们对众多成员提供保护，这样，这些成员就不必练就最强的本领，也不必进化出最适应环境的基因。在每个学科里，科学家的总数都大于那些做出最好成果的科学家的数量。科学生态系统的这种特征可能对组织来说并不是最优的。或许我们需要弱肉强食的捕食者，或者能够灭绝羸弱种族的病毒，清理出空间，供年轻科学家的幼苗茁壮成长。但事实正好相反——在现实生活中，经费常发生大规模的变化（在上述比喻中，就好像阳光投下的阴影），这种变化进一步巩固了现状。并且，不断涌现的热门课题烧尽了额外的资源。我们接下来将讨论这个话题。

会议的知识氛围

到目前为止，我已经讨论了在当今的科学界及科学家生涯中塑造出会议文化的矛盾与力量。会议数量的不断增加，毫无疑问正是这些压力的结果，但却起到了反作用。科学家造就了会议，但会议使得“科学家”成了一种职业。

学术会议受到科学社群的社会规范的支配，而控制这个社群的力量十分分散（如图 5–4 所示）。演讲者、参会者、组织委员会、学术团体、会议公司和经费提供者之间互相影响，在科学生态系统中“串通一气”。然而，人们极少对所有这些活动——从经费发放到产出成果的整个过程进行反思。改变将会牵一发而动全身。我在此提到了一些可能带来积极影响的改革机会。这幅图很重要，因为知识在科学界中流通的方式，也可以驱动知识为整个社会创造出价值。在本章中，我建议人们更多地关注少数构思良好的会议。无论如何，在学术会议中，竞争似乎无法有效

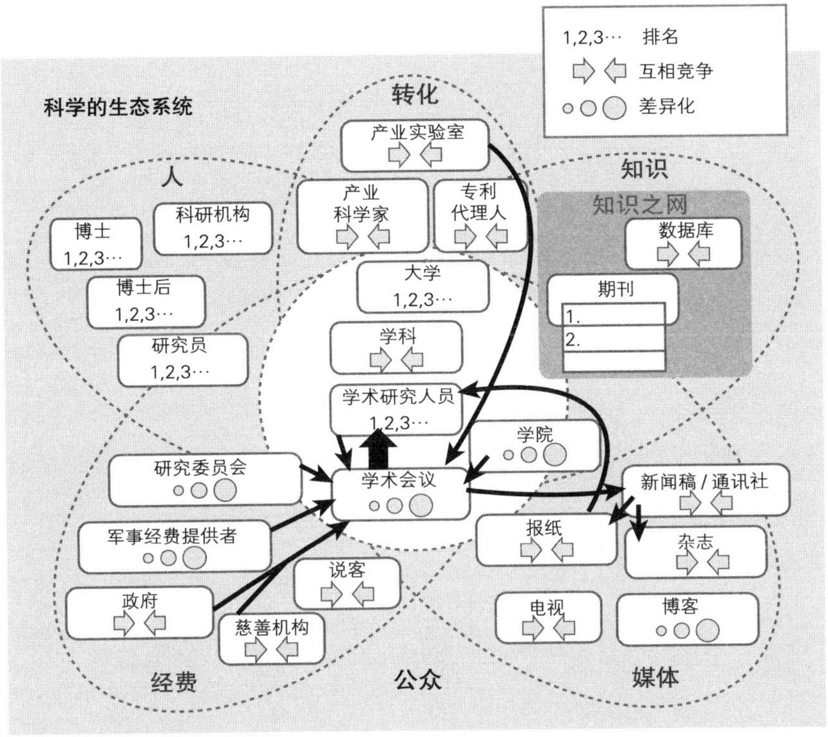

图 5–4　在科学学术界中心的“科学生态圈”中，学术会议所组成的生态系统内的动态互动关系。资料来源：哈比卜 · 莫海尼 / 维基百科，杰森 · 克鲁格 / 维基百科德国。图中包括涵盖在“政务公开许可 3.0”中的政府和企事业单位信息

地提升会议的质量，而评价会议质量的指标也尚不存在。

科学家通过学术会议来了解当下的热门话题。他们的经费提供者将学术会议视为衡量成功的标准。但是，社会如何得知它所投资的科学研究进行得如何呢？在整个科学界中，只有极少数科研成果能够进入公众的视野。在下一章，我们将探讨哪些科学成果能进入大众的“法眼”，以及谁在为广大的群众做选择。那将是一个更具竞争性的环境。

第 6 章

什么科学入你耳？

全世界一共有 800 万名科学家，昼夜不停地进行着各种不同的科研项目。为什么只有几乎少于百万分之一的科学成果被筛选出来，赢得我们的注意力呢？科学生态系统的一大特征就是科研成果会经过过滤和筛选，而这个过滤的过程并不直截了当，但也并非随机发生。接下来，我将要讨论这个话题。

科学生态系统的“织布机”编织着许多看不见的“过滤层”，而编织这些过滤层的人的动机与真正进行科研工作的人并不一致。过滤的过程并不是随机的。要理解这个过程，我们就必须理解谁能够从中获益。我们接下来将看到，想要满足人们对娱乐的需求，必将扭曲科学的真正目标，以及为其提供经费的根本原因。我们对构造式科学的观点越来越偏向于纯粹的应用。这也是科学家想要严格控制进行什么科研项目的原因之一。通过观察什么东西得以浮出科学深海，我们也能找出那些让科学故事吸引眼球的特征，这些特征组成了一个工具箱，教你如何撰写勾人的开头，如何引入正题，如何构思桥段与金句，如何正确运用图片，如何对待争议话题，等等。

我们了解什么科学？

我们每个人都与科学有所交集。许多人在孩提时期都对科学饶有兴致，在长大后也保留着一些残余的兴趣，因此，人们愿意阅读与科学有关的报纸和杂志、观看纪录片，或在网络上浏览科学故事，从中获得精神的滋养。媒体圈深谙此道。无论在什么文化中，媒体对科学的关注都在与日俱增，因此，越来越多的资源和关心被倾注到科学报道中。据估计，五分之一的美国人每个月都会阅读一些科学报道，可能是在线阅读，也可能是阅读纸质媒体。在许多社会中，学校里的科学教育飙升，因为人们想要孩子们早早地理解科学思想。我们的社会处处充满了科学报道，这反映出我们的科研文化对科学的巨大投资产出了丰硕的成果。

你想了解什么样的科学呢？你想了解哪一个研究领域？你是否知道哪些领域目前正炙手可热？或者说，你是否想了解那些“重要”的科学，也就是那些可能改变你的子女或父母的生活的科学？又或者，你可能想了解那些可能改变你自身生活的科学。或许，你只想了解具有娱乐性，并能像博物馆一样令你凝神沉思的科学新闻。又或者，你想了解那些由政府资助的科学研究或你捐过钱的慈善机构所资助的科研项目，因为你曾参与其中，并为其买单。

这些理由，每一个都能够在科学界中切出一个完整的横截面。你浏览的报纸和网站会根据你的生活观点和兴趣来选择新闻故事。同理，科学报道也会在众多可能的故事中选出少数“适合”的故事来进行报道。这些故事能够转化为生动的描述，让人们情愿花时间阅读。但这样的故事是少之又少的，因为大多数人都没有时间来阅读。

由于纳税人是科学经费的提供者之一，有人可能会希望，我们所投资的所有科研成果都应该被写成故事，这样，人们可以选择阅读，也可以选择不阅读。但是，将科学转变为迷人的故事是很昂贵的，短短的几段话可能价值1 000美元甚至更多。一部分原因是，科学家自身并不是将科学转变为故事的最佳人选。年复一年，他们学会了与其他科学家讨论科学和传递科学思想的方法，但是，公众并不具备这些能力。对公众而言，听他们讨论科学，就好像听别人操着一门你不熟悉的外语进行政治辩论一样，而用这门外语，你连订酒店和购买食物都无法完成。科学家训练自己的思维流动的方式，并不适合将生硬的科学“翻译”成妙笔生花的新闻报道。他们所需要的是那些训练有素、思维方式适合毫不费力进行这种“翻译”的人，因为这些人既能够阅读科学论文，又能够将其转换为直白的语言，同时又不失去中心思想。他们能够一眼看到那些可能令广大群众产生好奇心的联系。

于是，一些以这种“翻译”和“改造”为职业的科学记者出现了。他们中的大多数人都十分出色。某些科学成果之所以能进入大众的视野，正是因为它们进入了这些人的“法眼”，因为这些记者认为公众可能会关心这些科学成果。他们身处组织和机构内部，这些地方混杂了记者、编辑及其机构领导等各号人物，每个人关于什么更重要的观点都不同。他们与科学家交往，在这个过程中，了解了科学家认为什么更重要。他们虎视眈眈地关注着文章的阅读量，因为评判一名记者成功的标准是看他们的文章能影响多少人。

公众依赖这些科学记者为他们提供科学信息。尽管公众能够货比三家，但一般情况下，公众并不会一上来就特别关注某一个领域。在为数众多的科研成果中，我们依赖于科学记者的品位来过滤出有趣的故事。

尽管社会上的科学报道似乎层出不穷，但实际上，职业科学记者的数量远远小于科学家的数量。在英国，为了应对人们对深度科学报道的需求，报纸和 BBC（英国广播公司）雇用的科学记者越来越多。因此，自 1990 年以来，职业科学记者的数量翻了一番，达到了略微低于 100 人的数量。英国拥有一个由政府资助的强大的公众广播服务系统，因此，英国比其他国家的保护性更强。但自 2000 年以来，纸质媒体遭遇了财务危机，这导致世界各地的科学记者的数量都遭到了削减，尤其是在美国——因为在美国，媒体关注读者的数量是为了产生广告收入，而不是为了专业报道。即便算上写专栏、写博客以及非主流媒体的兼职作者，每一万名科学家也才对应一名媒体评论者，而在世界上许多地区，这一比例更小。这些人就好像寻觅花蜜的蜜蜂一样，将遥远的科学新闻带回我们的蜂巢中。

记者从何处寻找故事？

清晨，你从梦中醒来，各方新闻已像雨点一样敲打着你的窗棂。早餐时间，你会浏览几个你常看的新闻网站。接着，你在车里听广播，获得更多新闻。但想象一下，如果你的日常工作正是负责创造这种新闻流，更准确地说，是与科学有关的新闻流，你的一天会是怎么样的？

首先，让我们来看看一份全国性报纸的科学记者的日常生活。在一天的时间里，他们可能要写四篇故事。其中几篇，他们可能在前一天已经开始写了；但还有一些，他们可能最多只有一两个小时的时间来写。他们会查看自己最爱的、需要密码才能访问的网站，在那里，有两百多篇专门针对科学记者的新闻稿在等着他们。他们的电子邮箱里可能还躺着二十几封邮件，发自他们私底下认识的科研机构新闻处的工作人员，提醒他们留意他们单位的稿子。他们必须在一个小时内迅速浏览所有这些内容，同时还要浏览广大群众在上班路上阅读的大众新闻。他们阅读速度极快，几乎囫囵吞枣，只待少数灵感闪现的时刻。

接着，他们要开编辑会议。今天，在那些包含些许科学元素的重大事件报道中，科学记者能起到前所未有的作用。但在决定主要新闻页面内容的编辑会议上，争论的焦点是谁的故事能向更广大的读者群显示。科学记者当然会提议撰写一些科学故事，但更多的时候，他们都在反对其他人危言耸听的报道提议。这可能是某种癌症治疗方法又失败了，或者某种食物吃多了有害健康，或者医疗丑闻。编辑们喜爱这样的故事，因为读者（也就是我们）真的很关心这类话题。但是，这些故事往往没什么真实的科学依据，只有一堆假说，以及没有证据的结论。如果这种故事一而再、再而三地出现在媒体上，公众会逐渐放松警惕，错误地认为这就是科学的常态。负责任的记者常常会抵制这类故事。

科学记者会浏览最受科学家褒奖的学术期刊的最新一期，比如《自然》、《科学》和《柳叶刀》，可能还包括一两份他们间或能发现好故事的专门期刊。这些作者没有时间浏览更多期刊，也不会详细阅读论文中的真实结论。他们通常只会阅读评论和与之相关的新闻稿。他们必须相信，在跨领域学术期刊上发表或评论的论文理应十分重要。由于这是科学与外界社会相接触的主要途径，所有科学家都渴望在这样的期刊上发表论文。但这些期刊的篇幅有限，因此引发了激烈的竞争。为了使记者和其他科学家能够读完每期期刊上发表的所有论文，期刊的页数不会增长——它们的一部分价值正是由于它们的篇幅很短（就像痛苦的节食一般）。

在这个公开的生态系统中，最受益的乃是那些寻找最低垂果实的捕食者和探索者。接下来，我们来看看形成选择压力的主要因素。我将其分成几个部分并分别进行讨论，它们分别是新闻稿发布、书籍、金钱、图片、争议和触发点。

轻飘飘的市场推广

每期《自然》发布那天，都像一场短跑冲刺。每篇研究论文都会伴随着一篇新闻稿，而这篇新闻稿早在一个星期前就已由期刊、论文作者以及与该研究有关的高校、研究机构或公司准备好了。为什么需要新闻稿呢？关键原因是为人们指明方向。它们十分必要，因为一篇顶级研究论文所报道的科研成果必须惊人而新颖，并对其他科学家非常重要。每期学术期刊的篇幅都有限，这意味着论文作者们肩负着巨大的压力，纷纷想要将科研成果总结和浓缩成一段简短的摘要。我和我的同事经常就某个单词的使用争论不休，只因我们都想尽可能言简意赅地讲清研究成果。这种摘要并不适合科学记者快速浏览，甚至对科学家而言，如果他们并不来自同一个领域，哪怕经验丰富，也很难读懂。关于结论可能带来的影响，每篇论文都会写上一大堆。这些影响对科学记者的工作来说十分重要，因为他们不会只关注干巴巴的“科学结论”，而是想在结论之上，写出令读者感兴趣的故事。这正是新闻稿对于科学记者的作用——提供一些勾人心弦的灵感和构思故事的角度。

新闻稿会展示一项科研进步的影响，试图抓住人们的注意力（就像花朵的香气一样）。它们的标题往往能像两英尺[1]长的头条标题一样抓住你的注意力。它们的篇幅往往不到14句话，但其写作风格却极富特色，行文流畅，适合快速阅读（但并不像十四行诗那般吸引人）。它

[1] 英美制长度单位，1英尺合0.3048米。——编者注

们概括研究论文的要点，就像推特上的公告一般。为了向记者提供吸引读者的角度，新闻稿中会引述科学家说的话，供记者引用。新闻稿就好像为科研论文所做的广告一般，不能包含任何需要思考才能理清的逻辑，并且必须能够毫无阻碍地“滑”进读者的脑子里。它们是目标明确的模因，令人一见倾心。

撰写新闻稿的概要是一门艺术。每篇新闻稿背后，都有着一位敬业的作者。他们的职责是在擅长产生精确结果的科学家的帮助下（或者阻碍下），将自己专长之外的知识抽丝剥茧地提炼出来。在这个过程中，关于如何将科学翻译成通俗的语言，产生了许多矛盾。论文中的结论已经高度精简，因此，面对再次删减的新闻稿，许多科学家十分不高兴。然而，正如朋友通常能够比你自己更好地描述你的优点一样，新闻稿作者往往比科学家自身更擅长这方面的工作。由于将科学转化为新闻的成本如此之高，并且，将论文压缩得言简意赅的压力如此巨大，目前还没有出现能与新闻稿系统相抗衡的其他方式。

新闻稿对提升科学成果的公众曝光度来说非常重要。即使记者每半分钟就能读完一篇新闻稿，想要读完当天他们可能感兴趣的所有新闻稿，也要花上一个小时的时间。之后，他们会从中挑选出最有兴趣的五篇稿子，继续深度追踪。他们必须谨记，不能错过那些可能在竞争对手的报纸上引起巨大轰动的故事。他们会试着将手中这篇新闻稿与更宏大的故事建立联系，这种方法能帮助读者迅速进入角色。有时候，他们选出的新闻稿写得耀武扬威，那他们可能会另选一个角度来切入。

新闻稿对新兴科学的深度与细节都进行了巨大的压缩，这在科学家中引起了许多不同的反应。当然，在这个压缩过程中，一些内容会丢失，特别是新闻稿会忽略科学成果中所包含的不确定性。然而，只有依靠这种压缩的过程，我们才能够对活跃的科学领域进行全盘扫描。每个科学家想要读完或者哪怕只是追踪自己领域内的一小部分研究尚已焦头烂额，更别提读完整个科学界的信息了，那简直是不可想象的事情。读不完的科学信息就好像奔腾不息的洪流一般，令人泄气，这成了科学家职业生涯中一个无解的问题。如今有了互联网，这个问题不但没有解决，反而更加严重。诚然，在互联网上搜索信息比过去的方法容易多了，但是，想要轻松获取对新兴领域及其相关有趣信息的合理摘要，依然是一件很难的事情。有人发明了“智能筛选”，但只解决了问题的一小部分，因为这个问题还涉及许多重要的部分，比如说，对相关领域的信息进行订阅，将这些信息联系起来，着重强调重要的信息，为读者提供数量合理的文摘。这是未来科学想要进一步发展所面临的重大挑战之一。其他挑战还包括：自动整理文献、文献筛选、科学信息订阅等。有人预见，如果人工智能可以即时分析整个科学之网（人类无法做到这一点），那么这些挑战将得以解决。

还有一个足以让事情变得更加复杂的问题，那就是如何从众多科研项目中选出少数论文来撰写新闻稿。这个问题牵涉人和标准的问题。这将“选择”的过程变成了一个政治行为。新闻稿深植于科学生态系统中，是其中极其重要的一环，这使得“谁选择哪些科学来进行报道”这一问题变得更加重要。科学新闻稿让人们读到广泛而有趣的科学故事，但这只适合少数特别的故事。记者对读者了如指掌，他们知道我们愿意读多长的文章，我们想要听到什么故事，什么故事能保持读者的兴致，为什么图片很重要，为什么提及其他人文故事很重要，等等。程式化的媒体创作方式一方面满足了我们的兴趣，另一方面，又促使我们期待更多同样程式化的内容。非传统媒体（即使是博客这种受众广泛的阅读媒介）的文章尚无法提供令人惬意的阅读快感，因此，它们并不能赶走新闻稿写作和结构化的行文风格。

在科学的广袤世界中，新闻稿勾勒出了值得突出强调的故事。但在新闻稿之外，还有一种类型的文章，称作专线报道。专线报道是由美联社这类通讯社发布的。通讯社甚至会向新闻载体上的文章位直接提供完整的文章。这对缺乏资源进行科学报道的小型媒体出版物来说十分重要。比起自己撰写文章，这些出版物的记者每天都会简单浏览一下通讯社的专线报道，从中选出一篇他们的读者可能会感兴趣的精彩故事。其结果就是，任何写成专线报道的科研成果都在网络和本地报纸上流传甚广。这些故事所涉及的科学知识很容易理解，也很容易证明，因为通讯社想要将文章散布得尽可能地广泛，从而收回报道成本。只有极少数特别的科学故事能在媒体网络上渗透和流传，并在媒体的山谷中余音缭绕。

有时候，记者们确实会花时间与科学家们直接交流，但很快，他们就会在自己的领域中落下不太好的名声。即使是最勤勉的科学家也很难讲清楚这个领域的整体进展，而少见的新闻式科学著作（比如詹姆斯·格雷克的《混沌》）则常关注于新兴领域，在这些领域，同时出现的人物数量很少。但在大部分领域，科研人员的数量成千上万，想要细致描写、概览全貌几乎是不可能的任务，比策划大型婚礼宴会还要难。

因此，记者们获取故事灵感的主要来源是那些送到他们嘴边、争抢他们注意力的“信息盛宴”。由于大众对科学故事的胃口极佳，他们总是面临数不清的选择。那么，这些记者会选择什么样的故事呢？

什么故事能成为新闻报道的好材料？

每篇科学新闻稿都经过了精心雕琢，难不成它们都能成为极佳的科学故事？我个人认为，只要给予足够的时间和资源，几乎所有科研成果都具备被“翻译”成好故事的潜力。正如古代哲学家所说，如果你不能向一个六岁儿童解释你的想法，那么，你其实并不能真正理解它们。但在这里，记者能写出什么科学故事取决于这些故事是否能成为新闻报道的好材料，以及能否在其他故事中鹤立鸡群。在信息竞争的环境中，达尔文式的选择过程起着巨大的作用（这是模因的重要方面）。由于大众阅读科学的时间有限，想要抓住读者的注意力，关键是故事的开头能否一下子吸引眼球。

对科学家来说，每项科研成果都需要花费多年的时间，经历一连串的实验和研究，累积数据。在最后阶段，科学家将所有部分综合起来，拼出一幅完整的图景。但是，发表在大众媒体上的科学故事却不一样。每篇故事的读者群所具备的基础知识水平都差不多。为了便于读者理解，作者们避免向读者解释科学家所经历的全部过程，而更愿采用各种捷径来避免冗长的叙述。一些故事在全球范围内广为流传，于是，它们不言而喻地成了读者基础知识的一部分。这些领域的新故事拥有一些优势，因为人们对这些话题已经有所了解，因此比较容易理解。但如果故事传递的信息与当地社会并不完全兼容，那么，想让当地读者接受和理解，它们必须经过更艰难的鏖战，但它们也为当地社会带来了新鲜感和新奇的故事。

科学记者字斟句酌地咀嚼新闻稿，想从中找到一个能将其最快转化为故事的切入点，这个切入点必须与读者的经验最为接近，这样才能将读者与他们想要传递的信息联系起来。通过人们熟悉的自然图片，新闻稿可以迅速拉近与读者的距离，比如旋涡一般的星云、闪烁微光的蝴蝶或者地球上空旋转的云层。这些图片的作用就像图标或者速记笔记一般，令读者一眼就能了解接下来的文字中蕴藏着什么科学假设。一些巧妙的明喻也十分有用，可以帮助读者在脑中迅速“加载”过去学到的知识。真正令科普作者们头疼的一个挑战是他们所面对的读者群十分广泛和多样化，读者的知识水平也参差不齐，因此，很难找到一个立刻令所有人都心领神会的切入点。

故事与记者的写作技巧是否匹配成了最强的过滤机制之一。文章开头用来吸引注意力的“钩子”是否适合他们所面对的读者群？一些关键词总能吸引读者的眼球，给读者留下深刻的印象，比如“性”、“癌症”和“金钱”。与这些词语联系起来，科学故事更易被人阅读。一些栏目青睐家常话题，它们会选择一些听起来略显无聊的科学话题，比如关于厨房、街道和卧室的科学。对这些话题的偏爱也令我们开始思考我们最初为什么投资这类科学研究——似乎逐渐失去了其庄严的初衷。

在科学故事中，还有一个常用来强调该故事重要性的方面，那就是强调研究的成本。如果一个研究项目花了很多经费，那么，它最好能得到许多人的支持，因为人多力量大。对记者和读者来说，它最好是一个重要的故事。人们常假设，重要的科研成果一定要花很多很多钱，但这不一定是事实。精彩的科学需要的是想象力，并不一定需要很多钱。一些科研项目的确要花很多钱，但这取决于它的目标有多么宏大。比方说，我们可以将欧洲核子研究组织的粒子加速器看作一个单个实验，也可以看作许多相对独立的小型实验组合在一起（不过它们都有一个共同点，那就是它们都需要碰撞粒子）。一名科学家可能会在一个研究项目上花上四年的时间，只为设计某个粒子探测器的内部线路，让它们可以令各种亚原子粒子变成奇异现象的“指示灯”。尽管粒子探测器能实现的目标如此之多，但由于我们将金钱看得太重要，对欧洲核子研究组织的报道总不忘提及其标志性的60亿美元总成本。这是另一种标志，用来将一组假设带到人们心中。

一些科学领域的工具和目标可以整合在一起，创造出一些描述更加详细的假设，比如它们的目标是治疗癌症，发现宇宙的运行规律，理解人类基因组，或者理解天气变化。相比之下，一些学科由于无法黏合在单个信息或问题周围，很难被记者写成故事报道。在报道这些话题时，记者们关注的焦点是如何将它们同其他人的相关工作区分开，这些领域的进展牵涉许多细节，需要很专业的知识才能理解。虽然领域内的科学家能够看出个中区别，但想要为这些科学树立品牌，或者为它们发明出令人印象深刻的标语，依然十分困难。我们很少听到这样的故事：“我们可以用光来做什么”、“泡沫的机制是什么样的”、“如何掌握所有聚合物和塑料制品”或者“细胞拥有什么骨架和结构”。科学家推销自己研究的方法各有不同，但其中一个方法是将其与普通人的生活直接联系起来。研究治疗癌症的方法似乎并不需要更多解释，但是假如你推销的方法是说“治疗癌症有助于增加人口”，那么你就有麻烦了。将导电体制作成透明的，在一个世纪以前似乎并不是一件紧要的事，还会令外行大惑不解，但这对我们今天的电子产品至关重要。当然，这两个案例所涉及的科学原理都很有挑战性，也很有趣，它们的结果及其带来的概念都非常重要。

但是，充满信息的图片对科学家来说并不像你想的那么重要。他们的图表是用来吸引其他科学家的。记者和编辑喜欢使用“触发图片”作为吸引读者注意力的“钩子”，因此，他们并不在意这些图片与科学是否真的相关。这种做法是完全正确的——那些真正抓住你兴趣的图片才是最好的。

最后，我们收获了那些值得一读的科学报道。好奇心可以枯竭，也可能被淹没。我们总是被新奇事物吸引。但是，我们人类天生对世界充满了好奇。优秀的科学写作可以从很多方面激发出这种好奇心。

谁负责科学故事的准确性？

然而，谁来负责科学故事的准确性呢？再说，“准确”到底是什么意思呢？我个人认为，不管怎么说，任何科学报道都是有益的。人类思想的很大部分都贡献给了科学事业，因此，报道科研成果能够激励、启发和驾驭我们的创造力以及我们对世界的敬畏之心。即使科学（或科学报道）实际上是“错误”的，从长期来看，它依然具有积极的影响（尽管这可能带来消极的短期影响，比如造成人们对病毒的全球恐慌）。真正在读者的记忆中扎根的，并不是文章中的细节，而是那些激起他们兴趣的事情。研究显示，尽管我们热爱阅读，但在过去一年所读的书籍的细节留在我们记忆中的比例还不到 1%，不管这些内容是我们喜欢的还是不喜欢的。因此，即使科学是错误的，你依然可以成为一名催人觉醒的科学家。

不过，这个结论也取决于我们所说的“错误科学”错在哪里。有的科学只是错在一点点情绪化的夸大。要纠正这种“或多或少有些正确”的科学，只需要一点点“治疗”即可，因为恰当的心理关联在重复的过程中被强化了。这种松散与科学家的训练不相容。在科学家的训练中，细节十分重要，每篇论文都必须保证所有细节尽可能正确。为了呈现一篇线性的故事，记者常平铺直叙地讲述那些微妙之处，这常令科学家抓狂。与我的观点相反的另一个极端反应则是，认为科学报道应当尽可能精确，就像科研论文一样。

这种两极分化的反应忽视了近期出现的一个趋势——直接报道科学，也就是报道者绕过职业媒体人对信息的筛选。这种形式的报道在博客中特别多。纵观成功的科学博客，你很快会发现一件明显的事，那就是，如果科学家大谈科研细节信息，那他们往往无法吸引广泛的读者群。只有那些深谙科学新闻报道技巧的科学家，并且当他们不是在写自己的研究，而是在写同领域其他人的研究时，才能吸引许多大众读者的注意力。他们从中提取出清晰而具有煽动性的信息。他们在传递科学信息的同时，还提供了一条途径，通往真正的科学。这种科学报道同娱乐媒体一样提供了令人满足的信息，同时也激发了人们的好奇心，让人们对科学奥秘和神秘故事心驰神往。

有何干系?

在科学新闻报道中，哪些细节算得上重要呢？从业者需要履行什么责任呢？在这里，在读者心中留下什么印象是最重要的事。比起具体的故事，更重要的是读者如何将科学故事融入他们的世界观，就好似在点彩画中添加彩色的一笔。它是否会吸引情绪化的血红危险警告？或者引发读者对技术进步和新玩意儿的狂热追捧？它是否将自然世界的秘密连接起来？这里，在对科学进行准确描述与满足大众的直接兴趣之间出现了矛盾。过于追求精确常无法引发人们的兴趣。

那些号称对我们有害或有益的东西常能得到大多数人的关注。我们可以用人们的“担忧尺度”来衡量它们。我们都读过数不清的关于周遭环境中存在着神奇天然成分或危险化学元素的文章，每篇文章都声称这些东西对人类健康有重大影响。我总是在脑子里收集这些例子。

我告诉自己，“如果它真的很重要，那它就会变得很明显”，从而降低我心中这个领域所有故事的重要性。我习惯于迅速浏览这些科学报道，它们大都危言耸听，但它们引用的统计数据都经过了精心的挑选。显然，这些作者知道他们的文章会被很多人阅读，它们之所以能吸引我们的注意力，正是因为它们与我们的日常生活息息相关。但是，关于这些报道对我们的生活到底有何影响，我们每个人都有权做出自己的评判。并且，通过这种方式传递的新信息很难改变人们既有的观点。正如人们的政治倾向一样，我们筛选要阅读的新闻报道，只为确认我们已有的偏见。当我们想要拒绝某条信息时，我们常告诉自己，这篇文章不准确，不值得信任。

读者需要娱乐、逸事、笑话和对现实的逃避。记者们也会想方设法满足这种需求，因此，他们会选择性地聚焦在可以满足此类需求的科学故事上。这个现象也影响了高影响力的科学期刊。这些期刊也会青睐那些能够吸引大众、被人广泛阅读的科研论文。正因为这个原因，一些领域获得了大量报道，在公众的想象空间内建立起强大的品牌，整个领域都从中获益很多。其中一个例子是“仿生学”，这个领域的故事总爱告诉人们“大自然已经想出了绝妙的解决方法，它推动人类开发出了某种新方法”。这种消遣式的科学故事确实让科学界繁荣多样，但却可能无法让读者了解到其中真正的科学。

科学品牌的崛起

科学品牌利用了“偶像”对人们的共有知识所起的作用，使得记者在写文章时可以迅速而简要地跃入主题，而无须在开头长篇大论地介绍背景知识。当一名受到启发的科学家为一个现象或某种构件（比如一种亚原子粒子、一种化学反应或一种基因片段）留下一个新名字，这个新名字往往能够唤起强大的力量。命名是对名词的构思，比如某场讨论、某次辩论、某种情绪反应或价值的名字。但是，正如商业语境中的品牌可能会说服你购买一些你最初并不需要的东西，科学语境中也是如此，品牌效应衡量科学研究价值的方式，可能并不是你愿意接受的。广告业内众所周知的一件事是，每个市场对国际品牌的容量都是有限的，而科学现在正不可抗拒地变得越来越全球化。不管是在公共空间还是私人空间内进行的科学辩论中，都能看到不同科学品牌之间的竞争与纠缠。好的品牌建设能为产品赋予价值，在产品与价值之间建立起一种不言而喻的联系，并在人们心中打造出相应的印象。科学的品牌建设也同样如此。

在科学的品牌中，一个有趣的例子是“基因”，因为“基因”这个概念的品牌形象十分强大，事实证明它很难改变。破解 DNA 冗长的密码，并将其分解成可以理解的指令，比我们最初认为的复杂多了。多个互相重叠的 DNA 片段被切割成碎片，然后在细胞内不同的“组装机器”内重新组合，最后形成各式各样的分子，在我们的细胞内听候差遣。然而，这个切碎与重组的过程远远不止“基因”的概念那么简单。

科学品牌的建设还必须赶时髦，而时髦是极端善变、反复无常的。目前，“知晓神之心智”和“万物理论”是贴在粒子物理学上的品牌。但它们的影响力随着时间的推移变得越来越弱，开始吸引不利的因素，可能最后会变成“有毒的品牌”。有时候，这些附加在科学身上的价值标签很难甩掉，因为它们的“黏性”实在太强了。

科学品牌具有一个鼓舞人心的特点，那就是能将科幻与当下的科学研究联系起来。科幻作家的灵感来自他们所了解的科学，而他们了解科学的方式和我们一样，并且，同我们每个人一样，他们同样对新的科研进展喜闻乐见，为之欢呼雀跃。不过，在此之上，他们能够超越当下的科研成果，构思出虚幻的故事情节——他们在这一点上功力深厚。随着科幻的发展，它开始用各种可能性填补科学图景中的空白，并在某些科学领域中具备了预测未来的能力，尤其是那些旧技术与新科学相结合的领域，也就是构造式科学的领域。在这里，有两个有趣的效果：第一，当新的科学进展发表于世之时，往往早已存在与之相关的科幻作品。为了等待真实科学跟上科幻的脚步，我们已经翘首以盼很多年。理念诞生之时，并不总能立刻变成现实，这个事实总让人们大失所望。第二，科学家现在开始在科幻作品中挖掘建设新的科学品牌所需的资源，因为人们常用科学品牌来衡量科学家的工作。主流媒体上常用“隐身斗篷”和“太空电梯”等词语来暗指某些人们熟知的科学概念，从而增强了这些领域的影响。在今天，要想让你的科研成果产生更大的影响力，你最好先写出一本与之相关的科幻小说，或拍出一部票房大卖的科幻电影。如此这般，你的观众便准备好接受你那“时髦”的科研成果了。

追求争议

争议性的故事常表现良好，因为它们总能提供吸引人的情节，让人忍不住想要阅读。在这里，“总能”的意思并不是说记者很懒，在交稿时间的压力下，尽可能地删减内容、缺斤短两。它指的是人们对某些内容总是不可抗拒。科学故事扭曲我们常识的方式同后现代小说一样，充满了倒叙、个人观点、作者无常的情绪变化、反复的修订，这些都需要花时间才能理解和消化。因此，非黑即白的争论话题的确能将辩论变得简单。相反，科学家们真正感兴趣的争议话题（比如“谁的理论能更好地代表这个世界”）很难写得酣畅淋漓。牛顿与爱因斯坦之争这类话题固然能写成拍案之作，但普通人（尚）不关心的细节话题一般很难成就佳作。那些力量强大的争议（比如气候变化）能让我们产生情感依附，因为它们能对我们的生活产生很大的影响。

这导致了一种科学报道的风格——记者们倾向于报道容易引起人们情绪反应的话题，刻意寻求争议话题，采访具有争议性的科学家。事实上，许多争议话题的双方观点都有理有据，不久便能达成共识，但这并不是记者想要表现的重点。这个现象常让科学家很不舒服，甚至十分恼火，因为有的争议似乎是被刻意制造出来的。这些故事的写作风格常让读者远离真正的结论。科学家常认为，科学故事应当清楚地表现出他们研究的意义，并带来积极的行动。但记者关心的则是最后能有多少人阅读这篇文章。因此，科学家们其实希望记者们在报道中能体现他们（呼吁行动）的政治目的，但作为读者，我们却很抵制这类政治意图（从而更支持记者）。

由于我们很喜欢在故事中寻找意义，这为那些有潜力直接改变人类生活的科学技术创造了机会。技术对社会的直接影响力越来越大，这提升了人们对科学的兴趣。我们日常生活中的许多技术早在一个世纪前就已经存在了，近期出现的技术则更多地作用于人与人之间的关系、人类自身、人际交流以及人们的闲暇时光，这些技术激发了人们对科学的更多好奇心。

如果个人体验是通往科学的唯一路径，那么，会出现什么样的整体科学观呢？我们会重视短期利益丰厚的生物医学研究，聚焦在遗传学、流行病学、营养学和传染病学，但极少能触及更深层的科学领域，比如复杂的免疫学、我们与细菌的共生状态、细胞的发育与分化以及行走的原理。同理，我们会重视新型高效发光器件、新型药物分子、三维显示技术、虹膜扫描技术等，但会忽略电子薄膜在磁场中的特殊性质、辅助聚合物快速成型的新型化学反应，或者在数据库中联结信息以进行搜索的不同方法。

因此，我们形成了一种印象，认为这些技术所涉及的科学是一蹴而就，从一开始就与这些技术问题相生相伴的。然而，事实往往并非如此。这些技术所依赖的科学研究早已进行许多年，但其背后却是别的驱动因素在起作用，而这些驱动因素与它们的最终应用领域之间并没有太大的联系。在我们的观点中，构造式科学的目的完全是为了实际应用。这就是为什么控制着我们能取得哪些科学成就的人，依然是科学家。我们即将讨论这一点。

责任在何处？

科学家与记者经常辩论的一个问题是责任。谁来负责故事的正确性？正确性又是以谁的标准来判断？尽管科学家对记者有着巨大的影响，但他们通常并不愿意看到记者写出的备受关注的故事其来源是含糊其词的。科学家身处一个看重长期名誉的社群中，因为名誉能影响到合同的签订、同行的认可以及公认的赞誉。比起推销自己已经写出来的故事，记者们在编委会上会花更多精力反对那些缺乏坚实基础、纯属臆测的文章。与此同时，记者们不愿意将对文章的控制权拱手让给科学家。他们希望在实事求是与奇思妙想之间找到平衡点，保持读者的阅读兴趣。这部分属于科学生态系统中没有“警察”维持治安的区域——委屈的哭泣响彻夜空。

直到某些极端错误的文章出现。这样的故事极易“惹火上身”，在发表之后没有消失，反而茁壮成长。这样的故事往往都拥有清晰的情绪“钩子”，可以一下子“勾”住读者的注意力。例如，1998年，安德鲁·韦克菲尔德（Andrew Wakefield）关于麻疹、腮腺炎、风疹三联疫苗的错误报道在英国引起了疫苗恐慌，为社会带来了极大的负面效应。这种文章的发表反映出一个困难的问题：在暴露可能被压制的大问题，或者在支持与疫苗相关的社会利益时，应该如何找到公共利益之所在？有时候，当某些名人在对他们关注但自己并不擅长的专业领域（比如气候变化和纳米技术）发表意见时，也能产生许多故事。这些公众人物通常并不知道正确答案是什么，这样一来，记者们为了进行后续报道，不得不四处搜寻报道的新材料，积累尽可能多的冲突观点。

在许多情况下，“公共利益”就好像一个咒语，能让隐藏的“个人利益”显露无遗。科学家们想要一条能在学术界之外一举成名的途径，这样他们就能安静地在学术界内追求自己的兴趣。同样，记者们也用“能否写出震惊四座的故事”来衡量彼此的声誉。于是，科学家与记者在各自的工作中角力较量，同时彼此依赖，形成了一种共生关系。正是这种共生关系决定了大众能从媒体上读到什么科学故事，也决定了我们愿意为什么样的科学研究提供经费。

什么故事能走红？

一些科学故事不再被人们当作科学故事，而是变成了新闻的一部分，比如2011年日本核电站遭受海啸袭击后的故事。在这个故事中，科学和技术是必要的故事背景，在人们心中留下了绝无仅有的深刻印象。或许，只有这种方式才能平衡人们关于某种能源政策的利弊权衡。一系列危机暴露出我们对外国石油的依赖、我们对自然资源的管理以及长期储存有毒材料的难处。意识到这些问题，我们就可以开始权衡我们应该做出什么选择。

在这些危机中，人们迫切需要快速获取新信息。这导致人们开始搜寻观点强硬、回应迅速的权威科学家。这种对专业领域的快速“挖掘”显示出人类科学知识的碎片化：科学界缺乏一个整体概览，不同的知识就好像纱线一样纠缠在一起，通向不同的方向。为了连接横亘在科学家和记者之间的鸿沟，一些组织机构形成了，它们的作用就像“资料交换中心”一样，推广负责任的科学报道，比如英国的科学媒体中心（Science Media Centre）。它们由于能将正确的记者和科学家连接在一起，受到了广泛的尊敬。但是，我心里有一丝担心：由于成立这些组织的目的是防止危言耸听的信息吓坏公众，避免恐慌，我很担心它们存在的主要目的变成了“灭火”，仅仅是传播“平静”的感觉。

偶尔，一些科学故事会从它们的小众专栏中蹦出来，横扫所有类型的媒体。这些故事涉及的话题通常能让人们窥伺未来科技的影子，或者令人们沉浸在一些难以放入主流科学框架的神秘事物中。人类基因组测序、克隆绵羊、高温超导、冷核聚变、发现围绕系外恒星旋转的行星、超越光速的中微子……这些故事一跃进入了主流媒体的视线，长期令人们着迷。在过去五年中，《科学美国人》杂志每年年度最佳文章基本上由物理学和生命科学平分秋色，而与工程学或 IT 有关的文章大约只有一半。化学和数学方面的文章就更少了，但我们能读到大量关于“大科学项目”的故事（也就是需要消耗巨资的科学项目）。许多这类故事都既有化简者的一面，又有构造者的一面：想要在欧洲核子研究组织搜寻粒子，需要建造精密的仪器；想要理解史前 DNA 讲述的故事，需要现代的基因组知识；理解人类免疫系统，能带来新的治疗方法。

一些故事信誓旦旦地宣称，它将颠覆我们的所有知识，在历史上留下浓墨重彩的一笔。但实际上，颠覆过去的科学知识的情形是极为罕见的。科学发展的过程十分顺畅，我们有如此多的科学家，几乎所有的点子（包括许多错误的点子）都已经在他们的脑子里过了一遍（即使十分短暂）。

“病毒式”的故事在科学各领域中的分布十分不均匀。纵览不同媒体（譬如科普杂志、高影响力期刊、博客和报纸等）评选的每年最佳科学进展，基本大同小异。与人类起源（史前人类或地球尺度）有关的科学进展通常占据很大部分。另一些则是与人体健康有关的微生物和基因组学，或者与癌症或心理学有关。第三个部分是关于我们生活的这个世界，关于环境与气候、动物和植物。最后，还有一部分聚焦在基本问题，尤其是物理学的基本问题。令人惊奇的是，材料科学、工程学和化学这类学科通常无法产生病毒式传播的故事，但它们其实与新技术的联系十分紧密。

这四个焦点领域表现出新闻机构与读者之间的共生关系，反映出如今的科技新闻已分化成不同的领域。由于新闻机构能够对读者寻找文章的行为做出反应，因此，这些领域是自我强化的。每当出版的日子将近，就会有一批来自这四个领域的文章被写出来，这直接影响了读者能读到什么样的文章。

存在于高校中的学科边界在新闻业中并不存在。在新闻报道中，大部分实验室科学都会与技术应用联系起来，这也是读者最愿意阅读的部分。不过，最基础的科学在新闻中通常只会报道其本身，而不会将其与实际应用联系起来，但它们依然能吸引读者的兴趣。因此，我们很少读到化学领域基础研究的进步，比如电化学的某种新形式、新的反应流程或者生产“绿色”化工原料的新方法等。

什么媒体最适合科学传播？

传统媒体的“三巨头”——出版、电视和广播已经不再是我们仅有的媒体形式。科学新闻的一个巨大变化就是读者愿意从数字社交媒体上阅读文章，这些媒体不收一分钱，就能将科学论文“翻译”成语言直白的文章。很少有人对这些文章进行严格评审和推广，但它们让更多人接触到科学。不过，它们也让人们的科学知识变得碎片化。目前，社交媒体还无法驱动科学研究，也无法引领科学报道的方向。

到底有多少人阅读记者写出来的科学故事呢？2011 年一份对互联网访问记录的分析表明，每个月中，接近四分之一的美国人会阅读科学故事。另一份评估则来自对科普杂志发行量的分析，比如《新科学家》的发行量为 13.7 万份，《科学美国人》为 49.1 万份，《国家地理》杂志为 448 万份，《大众科学》为 134 万份。根据纸质杂志的发行去向，发行数量会采用不同的理论假说转化为阅读量（比如乘以一个 2~3 的系数）。于是，我们可以估计，大约 3% 的人口会定期阅读科普杂志。这个数量大约是科学家数量的 10 倍。有趣的是，在科学发展势头迅猛的印度等国，科普杂志却表现不佳，这导致一些外国合资公司（比如《科学美国人》）最近开始撤出。对这个现象思考一番，不难看出，这些国家目前缺乏的是富有天资的科学记者。目前，在这些国家，科学被赋予了比西方国家更多的实用价值。总体而言，没有一个媒体能覆盖所有读者群。同样的故事往往会出现在所有媒体上，它们互相映衬，彼此附和，激起嘈杂的回音。

科普书

尽管网络博客崛起，科普书籍依然涨势强劲。许多书对我产生了很深的影响（比如侯世达的《歌德尔、艾舍尔、巴赫》）。毫无疑问，这些书激励了包括我在内的许多研究者选择了科学这条职业道路。

不过，书籍这种媒介具有一些特殊的性质。比如说，理论学家的传记十分受青睐，特别是物理学领域的理论学家。这种现象的出现可能有下面这些原因。比如说，实验科学家通常更默默无名，因为他们身处的团队人数众多，通常很难挑出表现突出的个人；实验学家的性格通常不那么古怪；纯粹的理论虽然较接近超自然或者精神现象，但表面上看起来更易阅读；实验错误比起理论错误更索然无味。流行的科普书籍的作者通常都是理论学家。或许，理论学家本身就已习惯于坐在电脑前，敲击键盘，撰写文章，而实验学家则更沉浸于实验室中，对仪器设备敲敲打打。当然，理论学家通常也更愿意对理论进展大书特书。

科学记者们擅长在科学新闻稿中挖掘故事，与此同时，他们也十分精通于将这些文章扩展成长篇大论的书籍。这些书精心挑选科学人物，将他们的科研工作与科学探索的真正本质联系起来，吸引了广大的读者群。但是，只选择成功的科学家来大书特书，会给人们一种假象——只要你大胆前行，就一定能功成名就。大多数科普书在描写完科学家成功的时刻后便戛然而止，而对接下来的事情只字不提，比如科学家的个人生活会受到什么影响（有时是负面的影响）。我们必须警惕对科学发现的盲目崇拜。

媒体上的科学会影响科学家吗

目前我们已经讨论了科学生态系统的一个反馈机制，这个机制将科学与媒体和公众连接起来。接下来，我们将看到，这个机制如何间接将压力反馈回科学界。那么，科学家们愿意读到什么样的科学新闻呢？这个问题很有趣，因为它会影响科学家对彼此工作的评价。

在科普作品中浸淫多年，我变得越发警觉，因为每篇故事背后都暗藏着一些目的，在字里行间“不经意”地浮现出来，而我不愿意轻易受其影响。现在，我尽量避免阅读我自己领域的科普作品，而是刻意寻找较为陌生的学科来阅读，这样我能够获得更多乐趣，而无须介意文章背后的政治游说目的。多年以前曾激发我兴致的作品，现在正在侵蚀我的兴趣。近年来，越来越多的人到处进行哗众取宠和故作姿态的“表演”，只是为了突出自己的研究很重要，刻意造势。许多科学家和我一样，对这种现象忧心忡忡。这种现象的出现，是因为现在的科学生态系统的核心具有一种竞争文化。但这种文化并不是近期才出现的。几百年前，科学家们在各自的国家研究院内争先恐后地进行科学发现，那时的情况可能并没有什么不同。唯一的不同是科学家的数量。今天，科学家的数量激增，这使得竞争变得白热化。

优秀的科学记者应该具备启迪人心的能力，既对普罗大众，也对科学家。尽管科学家们可能在背景知识上具备一定的优势，但他们通常来自完全不同的研究领域。由于科学界不断“生产”巨量的科研成果，我只能心无旁骛地聚焦在我自己的领域，关注我自己领域的科研成果，无法分心来关心其他领域。因此，科学新闻的一大功能就是为科学家提供来自其他领域的反馈。它们为科学家提供了不一样的研究目标，能激发出新思想，建立新连接。对我而言，当我读过了某个领域的新闻，我便能以此为基础，与该领域的科学家展开对话。如果没有科学新闻，在我们的交谈中，某些话题可能永远无法被提及。因此，科学新闻对科学界的健康大有裨益，对科学内部的生态系统十分重要。

除此之外，科学新闻对推动科学进步并无多大用处。我心中对一项研究的敬重程度并不会因为它被媒体大肆报道而增加半分。经验丰富的科学家知道，当别人告诉他们某些研究“很重要”时，必须抱有怀疑的态度。本章所提出的所有冲突，均来自科学家们心中评判科学故事的“那杆秤”。科学家目睹了科学报道走红的过程。身处这个系统中，他们对它所带来的压力与奖赏心知肚明。

20 年前，我在日立公司工作。作为团队一员，我研究了金属块吸收光的短脉冲的机制。我们的实验展示了光的类波性质如何“印刻”在金属块的电子中；并且，通过波干涉，我们能在 $1/10^{13}$ 秒的时间内，将所有光能吸收回来。我们将几种建造极快光开关的方法申请了专利，但日立公司还想要我们在媒体上造势，以向公众展示他们在高科技研究方面的投资是成功的。

他们聘请了一家优秀的通讯社。我们这些科学家便被赶鸭子上架，参与了将科学翻译给大众的过程。我们为通讯社准备了许多背景材料。在伦敦举行的新闻发布会上，我们用声波来模拟光波的行为，进行了漂亮的演示。通讯社运用他们在科学媒体圈的人脉关系，请来了许多主流科学记者。在我们官方发布的信息之外，这场盛会在全世界的各种媒体（包括报纸和杂志）上制造出了许多（几乎完全相同的）科学故事。

由于日立公司在新闻发布会上强调他们对科学的投资，这个事件在媒体上获得了大量报道。尽管这个故事还排不上“年度最佳科学故事”，但它传递的信息是很好的：它向人们展示了大型工业企业投资的基础科学研究也可能带来惊人的技术进步（日立将这种研究称为“北极星”式研究，而不是毫无方向的“蓝天”式研究）。这些媒体报道也可能进一步影响了日立公司的管理层，促使他们在基础科学研究方面投入更多资金。但是，我不是很赞同这种烧钱（这可是好几万美元）将科学简单地“翻译”成大众媒体内容的行为。在科学界，我们常认为，曝光度并不能简单地等同于影响力。在科学界，人们对科学思想的评判方式是不同的。一项科学是死是活取决于它在社会中是否被广泛使用以及它为社会创造了多少价值。我在日立做出的“光开关”成果后来被运用在很多地方，最初的故事早已被遗忘（正如其他众多有用的科学进展一样，它们的目标是变得无处不在）。但是，在这个过程中，当初那场新闻发布会并没有起到什么重要的作用。

那么，科学新闻故事的普通读者呢？他们能从中汲取什么养分呢？他们会不假思索地接受故事中的所有信息吗？如果是这样，他们会吸收哪些部分呢？我确实相信故事中精心打磨过的信息，我相信颠覆性的科技通常来自尚处于发展初期的科学领域，我相信电子的类波性质对技术发展十分重要，我也相信日立公司在进行领先的技术研究。但是，金钱确实可以让某个科研项目在当下众多项目中脱颖而出，将其不加鉴别地“翻译”给大众媒体。没人深入地去了解这些科学成就真正会带来什么影响，它的应用是否切实可行（这些都是非常有趣、实实在在的问题）。日立公司想要的只是一篇好的科学故事，他们信任科学记者们的判断，这确实能做出一篇好文章。那么，赶快卷起袖子，放手去做吧！

科学传播的瓶颈

显然，将科学故事带入公众视野的过程是具有高度选择性的。在这个过程中，媒体中的“翻译者”和“意见塑造者”形成的控制“瓶颈”起到了十分关键的作用（如图 6–1 所示）。同样起到选择作用的还有期刊、学术竞争、赶时髦、人们对娱乐的欲望。在这些选择机制的共同作用下，人们在科学生态系统里浪里淘沙，最终淘出了闪闪发光的金砂，也就是那些实现了病毒式传播的故事。

意识到这一点，我们就能明白，不能简单地认为媒体上的科学故事能展现科学的全貌。只有某些特定的故事能够进入公众的视野。它们代表着大众兴趣的最小公倍数，其内容要么耸人听闻和令人担忧，要

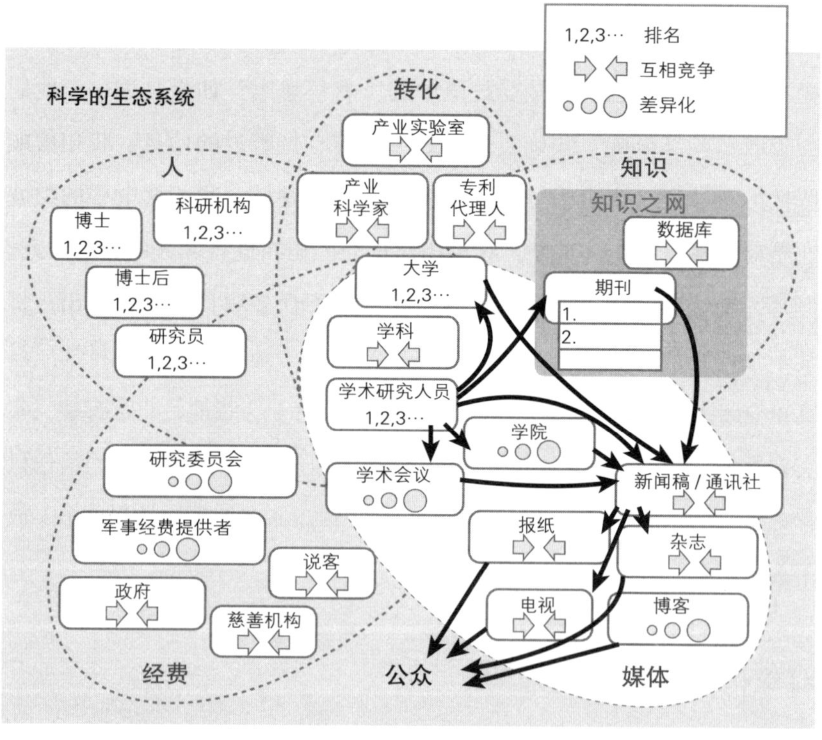

图 6–1　科学生态系统中科学媒体圈各个角色的动态互动，箭头指数量稀少的媒体意见领袖所形成的瓶颈

么是娱乐性的花边新闻，要么是充满未来感的小玩意儿，或者是讲述古怪另类的科学家故事。科学世界的绝大部分并非如此，无法被划分到这种类型的故事中。新闻业的压力限制了记者对新的报道角度的尝试。数字媒体确实让大多数人接触到了科学，但与此同时，它也让科学阅读变得碎片化，这同时也反映出科学界内部的碎片化，科学论文和学术会议的迅速增长掰裂了科学的整体。与过去不同的是，今天，我们很容易找到新的科学知识，但却很难对其前途进行冷静的预测，例如要采用什么策略、要花多长时间等。其结果是，我们在媒体上读到的科学扭曲了科学的真实情况，不能反映出科学真正的运行机制。

这一点十分重要，尤其当我们在思考由谁来选择科学研究项目的时候。尽管我们对此知之甚少，但我们必须理解这些选择是如何被我们所有人做出来的。这将是我们探讨的下一个话题。

第 7 章

什么科学得以成事?

目前，我们已经讨论了知识如何在科学生态系统中流通。但是，创造这些知识的过程却十分昂贵，这限制了科研项目的数量。在本章中，我将探讨是谁在做选择，以及这些选择是如何做出来的。基础研究具有巨大的风险，只有政府才负担得起，这使它受到许多不同的影响。我们将会看到，各国政府对科学家工作的支持程度参差不齐，有时竟相差五倍之多。这个现象在不同的国家创造出了不同的科研环境。可以预期的是，科学生态系统中最激烈、最明显的竞争，乃是对资源的“争夺战”。这使得人们在做决策时更加保守，企图规避风险，因为这些决策与前面几章介绍的成功标准息息相关。这就好像非洲大草原上互相竞争的肉食动物与它们的猎物面对面坐下来，试图商量出一个标准化的程序来决定谁吃谁。

首先，我将讨论科学家如何决定他们想要搞什么科研，以及他们想要进行下去所需的资源从何而来。接着，我将探讨目前放入科学界的全部资源有多少，以及这些投资对社会的益处。有趣的是，关于我们应该在科学上投入多少，人们并未达成共识，但他们却一致同意最好别讨论这个问题。最后，我将讨论人们如何决定科研经费的支出方式。在这个问题上，我们不仅能看到科学家之间的直接竞争，还能看到他们所在的科研机构以及经费提供者之间的竞争。

为科学提供资源

科学家如何做计划

大多数科学研究直接沿着过去的科学成果铺就的道路继续前进。近期的科研成果能为人们指明未来最有趣的研究方向在何处，同时还带来了某些研究者对未来的展望。更罕见的情况是，某个科学家经过苦心思索，发现了一个不同寻常、彻底革新的研究方向。这种用思考来推动科学演化的方式能从其他研究领域中挖掘出有用的片段，开启新的研究方向。然而，科学的下一步究竟会朝哪个方向发展，在很大程度上取决于资源。每个科学家都梦想着成为领域内的领袖，但回到现实，他们却面临着一个接一个障碍。科学之难，难于上青天。

科学家总是声称他们只愿从事令他们着迷的研究，但我到目前为止已经向你展示了一大堆可能影响科学家的因素。他们在决定下一步要进行什么研究时，也会考虑这些压力：要么旨在获得同僚的尊重，展示自己发表高影响力论文的能力，要么旨在提高自己获得高额科研经费的机会。多种影响因素相互配合，具有重大社会意义的问题因此得以解决。但很少有科研项目从一开始就清楚地显现出它们会影响什么重要的社会问题，这个问题通常是在事后回想结果时，才会浮现出来，但在事前很难预料。在事前起作用的是其他因素。

一个研究项目通常的方向是增加复杂度。每个科学家在各自的核心领域内工作，搜寻着可以推进的下一个方向。但所有简单的东西都已经被探索过了，唯一的方向是在过去的基础上，创造出更复杂的系统。这是典型的构造式科学，但其目的可能是为了促进化简式科学的进步。

于是，在这个过程中，会出现越来越多的细节、对某些方面越来越细致的描述。但有时候，奇迹也会发生——一名科学家另辟蹊径，开创出了一条更加简单的路径，因为他们和其他人的研究打开了一个新的探索空间。在这种情况下，他们无须在错综复杂、寸步难行的科学之网中艰难跋涉，而是仿佛来到了一片开阔地，视野一览无遗。这种情况十分罕见。如果一个科学家竟然遇到了这种情况，那将成为他生命中的特殊时刻。在这个时刻，他们会为眼前铺展开的景色兴奋不已。在这片景色中，许多做梦都想不到的联系呈现在眼前，令他们欢呼雀跃。

在生物化学领域，要想理解细胞的运行机制，下一步可能是理解控制某些基因的机理，包括哪些因素控制着基因的激活，什么时候应该激活某些基因，它与细胞内和基因组内的其他什么因素相互作用。其中，让某个科学家与众不同的是他如何选择目标基因，或者如何选择该基因运行的哪些方面来加以研究。研究能力的高下并不仅仅取决于解决问题的能力，还取决于选择最适合的问题的能力。此时，起作用的是“直觉”“凭本能做事”“嗅出一个好方向”，而不是逻辑。虽然研究初期的一些决定很重要，但是，真正决定在研究进行过程中会遭遇何等趣事的是对研究整体大方向的控制。

在探索者领导的科学研究（化简式科学）中，理解自然的奥秘理应是探索的唯一方向，但事实上，人们却常常做出不同的选择。“大挑战”领域的科学家常声称他们正在努力“治愈癌症”、“找到万有引力的量子基础”或者“理解意识”，但是这些名头都太宽泛了，一点也不具体，让人摸不着头脑，不知道下一步应该做何计划。在粒子物理学领域，研究者下一步应该加入什么实验？通常情况下，这样的科学家已经在国际合作团队中工作了多年，脑中已经对该领域的新方向有所了解，一直在为开发各种耗费巨资的新实验进行游说。这样的实验在真正实施之前，往往需要 5~20 年的时间来寻找经费，做计划，建造大型实验设备，因此，关于这些实验的决定不能冲动和草率，因为它们就像结婚一样，是一项长期投入。通常，他们所信任之人，往往来自同一个研究组，或者联系紧密的其他研究组，他们仿佛是忠诚的“一家人”。相比之下，理论学家在选择他们聚焦的研究方向时，往往更加冲动。一般情况下，他们不需要大量资金，对他们而言，时间和他们在职业生涯中掌握的理论技巧是更加宝贵的资源。他们决定要做什么时，更加受到情感的驱动。因此，科学家在做计划时所考虑的时间尺度是不同的。

科学事业的规模

在现代科学所需要的资源中，最重要的是金钱。当然，很多有趣的科学项目在缺乏强大经济支持的情况下依然意气风发，它们大多分布在气氛温和、竞争较小的领域，规模通常不大。比如，我最喜欢的一个项目就是这样，它研究的是纸张落到地面的过程中，为什么会呈现摇摇晃晃的状态（这个研究其实十分有用，如今它有助于人们理解昆虫尺度上的空气动力学）。然而，即便是这样的项目，想要开展下一步研究，也需要模拟气流旋涡，这就需要大量的计算，因而需要强大的计算机。还有一篇最近发表的论文，研究的是水滴在蜘蛛丝上凝结的过程，证明了蜘蛛丝拥有一种特殊的性质，能够从空气中吸取水分，从而变得潮湿。无独有偶，在这个研究中，除了简单的设备之外，还需要昂贵的电子显微镜，才能在微小的画面上捕捉图像。

一些研究需要巨量的资源，这体现在所需的设备、人力、深度数据处理和研究的广度上。研究者们在这方面并没有什么特别的兴趣，关于解决资源问题的方法，他们更多是从本领域其他研究组那里学来的。

这些方法最好能成功，这对他们至关重要，因为这些方法塑造了科学家以及控制资源的经费提供者的观点。科学家必须在三个选项中做出选择，要么加入一个较大的研究组，要么做独行侠，要么组建一个由自己来领导的研究团队。他们最可能做出什么选择，取决于他们过去的经验和他们所处领域的文化。如果他们想要自己组建一个团队，那么，首要任务就是说服别人相信他们的理念是值得追求的。这对申请经费很重要，必须发生在递交经费申请书之前——为了开展新活动，人们需要花费宝贵的时间和精力。达成共识即便在项目开展之前也十分重要。有了项目，才能创造出更多的共识。

科学界不存在神秘的赞助人，供科学家们随心所欲地花钱，因此，他们必须向某人申请经费。经费的来源分为几种：所有纳税人向政府缴纳的税款、抗击疾病的医疗或健康慈善机构（它们从个人那里获取捐款），或者我们当下或未来对产品的消费，因为消费会刺激新的研发。每个经费来源都为研究者带来了不同的压力和可能性，决定了科学项目获得资金的方式。

科研经费从何而来？

在 21 世纪，各式各样的组织机构都愿意为科研项目提供经费，因为从历史经验来看，他们都相信这是极好的投资（如图 7–1 所示）。科研经费最主要的来源是政府，特别是在物理学和数学领域。换句话说，纳税人似乎都相信科学是对社会有益的投资。然而，对科学的需求并不是直接由纳税人本身创造出来的（除了治疗疾病方面的研究）。相比之下，政府将科学视为一个有助于实现远大目标、提升社会满意度的工具，比方说创造出稳定和有益的就业机会、安全无虑的环境，或者增加人民选择的余地。

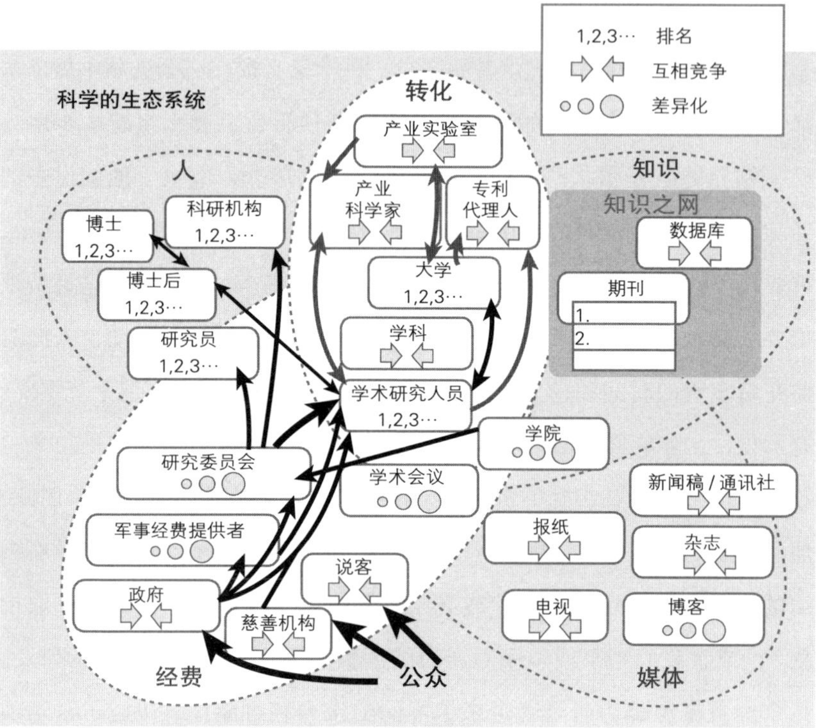

图 7–1 科学生态系统中研究经费和产业转化的过程

一笔经费经过一个或多个政府部门或者“研究委员会”，所受到的直接政治和行政影响程度不一。来自政府部门的经费所受影响更直接，来自研究委员会的经费所受影响不那么直接。这些部门在每笔预算中争取科学资源。因此，尽管科学家总希望能远离政治，科学却不可避免地被“政治化”了。在过去，关于究竟应该在科学中投入多少资源，科学家之间似乎达成了一种秘密且静态的共识。但在最近几十年，这个问题越来越暴露出来，因为科学家及其所在的研究机构对资源的需求不断增长。科学家和政客似乎都接受一个观点，那就是科学是一个工具，可供达成某些目标。纵观世界，不管是美国、欧洲还是亚洲，人们都同意范内瓦·布什在“二战”后所写的那篇短文中所提出的观点。在文中，他将科学视为促进社会进步的工具。人们认为，科学是具有“效用”的，在此基础之上，大量的动机被激发出来。如今，科学家为了获得经费，便不得不证明他们的项目具有这种“效用”。

在一些国家，科学经费中有很大一部分来自政府中与军事相关的部门。在英国，研发费用约有 15% 来自军事部门，在德国则不到 5%，美国的比例超过 30%，而俄罗斯更是超过了 40%。以色列和中国的数据不太容易获取，但很可能也差不多。在美国，国防经费（其数额比其他国家大多了）主要花费在构造式科学而非化简式科学上，与此同时，大部分经费都被投入到开发具有突破性意义的科技上。科技将现代战争划分为两个阵营，一方是发达国家阵营，他们强调保护士兵生命安全的创新技术，另一方则是非政府士兵，他们拥有的科技十分有限，因此，他们最大限度地利用他们拥有的技术。投资军事技术并不是什么新鲜事，人类最早对科学的正式投资，皆因军事而起，比如研制更加稳定的火药，或者寻找侵略外国领土、掠夺外国财富的新路子。

我们日常生活中所使用的许多技术，究其历史，最初的发明都来自军事投资。激光及许多相关技术都来自美国在“二战”之后的大规模军事投资，但这些技术如今却影响着我们所观看的 DVD 电影和即时聊天工具，并帮助人们“焊”回脱落的视网膜。如果没有军事投资，这一切会发生吗？诚然，科学内部是紧密相连的，激光研究的确属于某个研发框架的一部分，应该不会被完全忽视。然而，一项技术研发的速度取决于投资的规模。军事部门向某些科技领域投入了大量金钱，以期获得迅速回报。如果没有这些投资，大部分科技进步将不会集中在少数几个国家，而是会均匀分布在所有国家，因为知识生态系统内部是十分开放的，于是，军事方面的优势将不复存在。目前，军事对科技的投资集中在自动化、生物、微生物、纳米武器等方面，这些领域成了兵家必争之地，各家都希望能在这些领域占领高地。

在美国，许多基础科学的经费都是通过这种方式获得的。陆军、海军、空军的研究实验室都属于科学生态系统的一部分，他们会投入经费支持创新的点子。美国海军研究办公室声称，50多名诺贝尔奖获得者正是因为使用了他们的经费才获得了诺贝尔奖。还有一个军事科研的金主是美国国防部高级研究计划局（DARPA），它因资助可能在未来几十年带来技术变革的基础科学研究而闻名，比如量子计算。它十分积极地投身于科研，大胆试验，其中一个知名的成果是因特网的早期应用。许多领域的经费在其他国家大都来自科学相关部门，但在美国，这些经费都由军事项目提供。不过，大多数科学家自身并不觉得这个区别有多重要。对他们来说，这只是科学生态系统的运行机制，是他们无法控制的。身为其中的一员，他们只能遵守游戏规则。在美国以外的其他国家，军事投资在产出科学突破方面的作用聊胜于无。但在美国，五角大楼几乎将整个政府对科学的投资翻了一番。不过，有研究显示，非军事投资的科研项目更有益于经济形势。在一份近期发表的报告中，有人批评美国国防部最近过于聚焦短期科学项目，声称“在目前的计划中，占据主流的是推动渐进式进步的项目，而革新性的项目没有受到应有的重视”。

产业经费

在科研经费中，除了政府用纳税人的钱提供的部分以外，企业在开发新点子这方面也扮演着很重要的角色，他们自身也能从中获得利润（如图7–2所示）。创新能有效地保证公司的产品在竞争中领先于市场，并满足顾客的需求，这一点对所有产业都很重要，特别是对高科

图 7-2（a）　图 7-2（b）　图 7-2（c）

图 7-2　科学的"发动机"。图 7-2（a）是位于新泽西州的前贝尔实验室，这里诞生了晶体管。图 7-2（b）是位于华盛顿特区的美国国防部高级研究计划局总部，这里资助了因特网的前身。图 7-2（c）是位于伦敦的惠康基金会，它主要为生物医药研究提供经费。资料来源：L Aberle /Wikimedia; Coolcaesar/Wikipedia

技产品来说。这种"达尔文式进化"能极大地激励新科技的研发。所有产业科学投资者都面临的困难是找到一个值得聚焦的方向，以及明确处于什么阶段的早期理念适合投资，因为资源是有限的。企业应该进行基础研究、应用研究，还是技术开发？

20 世纪下半叶，一个企业能完全在公司内部完成新产品的开发，这是一件值得骄傲的事。他们相信，专利保护和内部知识足以抵御外敌，带来丰厚的回报。公司内部开发的药物可能持续多年带来巨大的利润。半导体计算芯片的新设计能换来今后许多代产品。但是，这种仅靠内部研发的方式也带来了不少问题。第一，风险很大。许多项目尽管雇用了许多极端聪明的人参与研发，最后还是功亏一篑。这说明科学研究并不能总是按照人们预定的计划进行，某个科学思想是否成功取决于许多未知的因素。这些企业对"内部研发"的依赖显示出人们的一个迷思：从科学思想到实践，再到产品研发，是一条持续的单行线。但在这个过程中，许多预料不到的问题纷纷浮现，极大限制了该技术的实际应用，相反，从未知的竞争对手那里得来的点子反而更容易成功。

第二，如果一家公司拥有一系列利润丰厚的成功产品，但这些产品均是基于某一项技术，那这家公司调拨人员支持另一项技术的研发是一件相当困难的事情。比如说，柯达公司在内部研发出了最早使用半导体芯片的数字照相机，并申请了专利，但是，他们却不愿让这项技术影响当时利润丰厚的胶卷生意。结果，他们未能在数字相机产业投入资源。但其他公司（比如佳能）却在这方面投入很多，最终让柯达破产。风水轮流转，如今轮到这些数字相机公司了，它们因手机的出现而纷纷倒闭。近年来，颠覆性的技术通常是由小型公司开发出来的，然后，这些技术会被更大的企业收购。或者，大公司也可能在公司内部投资建立较为独立的创新研发中心。这样，企业能以这些方式将它们的研发业务外包出去。

第三，我们并不清楚，第一个将某种新科学思想转化为实用技术的人是否能够获得相应的回报。这个过程需要花很多钱，其间可能会出现许多无法解决的问题，并且，光有科学思想无法获得专利，只有技术才能申请专利。科学知识在人群中扩散很快。如果某种技术似乎大有前途，其他公司很快就会找到效果差不多、没有专利权的其他方法。因此，第一个吃螃蟹的创新者领先对手的时间极短。有时候，做开发某项新技术的“第二人”反而比做“第一人”更好，因为所有需要花钱的探索以及对新市场的开发已由“第一人”做完了，这样，后面的人只要学得快，就能开发出成本更低、性能更高的相似产品。正因为这个原因，企业真正需要的研究团队不仅需要拥有精湛的技艺，还要能够走出企业，探查广阔的外部世界，了解其他人都在做什么，而不能为了保护自己的产品而故步自封，做井底之蛙。新科学通常会出现在领域交界之处，因此，比起“全力孵化新技术”，“向外看”是一个更佳的策略。

正是因为企业在研发新技术的过程中会遇到这些难题，政府资助科研的方式才得以迅速崛起，这种方式化解了投资早期技术面临的风险。正是这些风险的存在，使得企业在新技术研发面前望而却步，尽管这些新技术对社会大有裨益。政府投资早期科学，还有助于这些新科学向全社会公开，允许所有企业对其加以利用。其结果是，如今的企业争先恐后地想要和世界各地的政府一起投资科学项目，以备后用。作为回报，企业对这些科研成果获得了一些特殊的权利，不过，这些权利因各国文化的不同而不同。在过去，高校曾将他们的科研成果开放给所有公司免费使用。因为他们将其视为对社会的责任。但近期，人们逐渐认为，这种方式令企业不劳而获，导致他们不懂得珍惜，不好好利用那些科研成果。因此，在一些国家，高校开始保留利用他们科研成果的权利。我们稍后将讨论这个话题。

随着经济的全球化，企业的视野日渐开阔，放眼全球，不再局限于本地。支持本地的科学研究固然很好，但实现企业自身的技术雄心才是他们考虑的重中之重。科研项目带来的好处很多，除了从中获得明显的实际成果之外，企业还希望通过与科学家的合作达成其他目的。企业自己的研究者与外部科学家的合作能为企业带来许多新思想，这些新思想可能来自其他知识领域，也可能来自该领域的前沿。这个过程让科学知识更快地扩散到企业内部，进入他们的雷达范围。高校中的年轻科学家如果能与企业进行合作，会对这些企业产生更好（当然也更真实）的印象，这也为企业提供了一条招聘精英的绝佳路子。最后，全球化也会影响公众对企业的看法。资助科学研究有助于企业的品牌建设，能将企业行为与社会发展联系起来，这一招对年轻人尤其有效，因为年轻人通常对高科技充满热情，并认为高科技代表着前瞻思维（在上一章，从日立公司的例子中可见一斑）。企业（比如化妆品、食品饮料、原油开采和核能产业的公司）还可以用这种方式来平衡外界认为他们“剥削民众”的消极看法。这些产业对学术研究的投资向公众传递了这样一个信息：他们并不只是片面地追求利润，他们也追寻真理；他们的目标不仅是一己私利，还包括科学理想。

不过，企业的这种行为进一步加剧了科研领域的竞争，因为他们并不满足于本地的科学家，而是会走出去寻找和聘请顶尖的研究者，哪怕他们隔着一个大洋。于是，来自产业的科研经费更加集中在精英研究机构中，这些机构也因此学会了种种妙招来“招蜂引蝶”，吸引产业经费。这个现象在许多科学领域引起了不安，因为人们担心对商业回报的欲望会污染对科学真理的追求。

为未来的前景投资

新兴科学并不是总能立刻带来产品或市场前景。如果现在人们还不清楚他们能从自己的基因组信息中得到什么好处，就没有人会愿意花钱购买个人基因组的产品。话又说回来，如果没有公司感兴趣，科学家又从何处获得经费来研究那些可能对社会和商业产生重要用途的科学知识呢？满足这些需求的，是那些相信投资科学能带来巨额利润的投资者。这些投资者包括风险投资公司和天使投资人这类金融公司，他们关注的是如何从一笔投资中尽可能快地获取利益。他们的首要目标是找到那些可能带来真金白银的科学项目，并努力将其变成现实。然而，雾里看花似的科学进展让他们的工作难上加难，超过 90% 的科研风险投资在短短几年时间内就失败了。成功的项目少之又少，而一旦成功，它们便可能平步青云，吸引更多轮的投资。剑桥的 ARM 公司便是这样一个例子——目前几乎所有移动设备内的芯片都是由他们开发的。

这种科学投资方式的主要问题不是钱，而是时间。从本质上说，科学受制于其思想的发展进程。对某个科学问题一掷千金并不总能加速这个过程。只有少数科学思想最终能克服风投公司为保护投资而设置的种种障碍。一些科学项目需要花费较长时间，它们通常在第一轮就倒下了，因为在风投面前，证明一个科学项目具有实际用途比“炫酷”更重要。并不是所有科学家都有兴趣将科学思想转化为产品，因为这种转化会分散他们的注意力，并带来许多负担。与此同时，尽管许多科学思想最后未能达成当初预想的目标，但它们开启了一些新方向，而在这些新方向之中又诞生了许多有用的科学。为企业的目标服务而从事科学研究的最大困难在于，在科研的过程中不能偏离核心目标，这导致了科学的开放性与企业赚钱以谋生存发展的商业目标之间的冲突。但我个人的经验告诉我，这种以目标为导向的科研并不一定只带来技术进步，也能产生新的科学思想和科学知识。

总体而言，科学生态系统的发展很大程度上并不依赖于这种来自企业的投资。但政府将这种行为视为资助科学的一大理由。由于这个原因，科学家被迫与产业合作，从而导致他们做出来的科研成果数量越来越少。从纳税人的角度来说，那些巨大的成功尽管很少出现，却在人们心中留下了十分深刻的印象，提升了科学在我们生活中的地位，并让人们相信，科学具备一种“炼金”的能力。稍后我们将讨论这方面的证据。

接受礼物

最后，还有一种为科学提供经费的投资者，那就是关注某个问题的慈善机构和慈善基金会。他们看待科学的角度非常功利。比方说，这个领域的研究能否“治愈癌症”、消除艾滋病、满足第三世界国家的用水需求或者实现其他目标？根据管理层的态度和捐款人的不同，这类基金会有时能高瞻远瞩地考虑十分长远的问题，而不只是解决当下的问题（不过有时候他们也会受到企业的“要挟”，因为企业总是想要推销他们自己的产品和解决方案）。捐款的行为通常源自捐款人的情感因素，这些捐款能够聚少成多，为科学研究提供长久的支持，从几天到几十年不等。一些身家亿万的慈善家（就像维多利亚时期的慈善家一样）在这方面产生越来越重要的影响，但在媒体上产生的影响和对科学的操纵并不多。

“科学能帮助一切”说起来容易，但面对实际问题时，选择做什么科学研究才能加速解决问题，却是个很难的选择。有时候，解决某个问题最好的点子是最初谁也想不到的。因此，慈善投资最好能够将新兴科学与它们可能的应用场景联系起来。同军事投资一样，慈善投资也想加速新科学在某些特殊问题上的实际应用。在医疗研究领域，慈善机构是最主要的经费来源之一——人们纷纷向其寻求资金——很受尊敬。环境保护慈善机构用科学知识来应对他们面临的挑战，并游说政府实施某些政策，因此，科研成果可以增加他们的影响力。发展类的慈善机构则聚焦在如何提升人们对某些需求（以及新市场）的关注上，并开发出可以被广泛采纳的开创性解决方案。

从慈善机构拿钱做研究，为许多科学家提供了“将世界变得更好”的道德激励（有趣的是，从军事机构拿钱做研究的科学家也会说同样的话）。这种反应让科学生态系统变得更加复杂，因为这将奖赏划分为两类——内部奖赏和外部奖赏。有用的科学不一定能让人兴奋。其结果是，科学生态系统内的行动者根据科学家等人对自己角色的理解不同而进一步分化。当然，那些位居学科核心的人依然手握权力，在他们眼中，知识之网完全被利益的光芒笼罩，距离中心越远，光芒越黯淡。

由此可见，科研经费的来源必须多样化，才能让科学家得以推行不同的点子，这些点子或是受到智识上的启发，或是受到开发新技术的激励。接下来，我将要讨论今天科学家花费的科研经费到底有多少，以及个中缘由。

经费的理由

花了多少钱？

流入科学研究中的钱听起来金额十分巨大，并且，政府之间总是相互比较谁的科研经费听起来越来越多，然而，这些金额在纳税人缴纳的税款总额或者我们在医疗保健方面所花的经费面前，只占极小的比例。发达国家在科学研发方面的经费投入约占全国 GDP 的 1.5%~3.5%，其中 30%~40% 来自政府经费。然而，只有占 GDP 0.2%~0.4% 的部分直接提供给科学家进行科学研究，这部分只占全国科研总经费的十分之一，剩余部分则被用于研究环境的基础设施建设，以及支付研究人员和管理人员的工资。因此，真正用于科学研究的经费并不多，按全国人口来看，每人每年仅为科学直接投资约 100 美元。这个数字多年来一直相当稳定，只有当政府想要激励产业花更多钱进行研发的时候有略微增长。政客既是“拉拉队长”，又是投资者。他们相信，科研一定会带来回报。正是因为有这种信念，一些国家开始向科学研究投入巨额经费。在这些国家，尽管人均科研项目投资不足 40 美元，但这个数字每四年就翻一番。

另一个看待科研经费的角度是看一名普通的学术研究人员会在研究项目上花多少钱。这个数字在不同学科间的浮动很大，但也很适合用来比较不同国家之间的区别。在西方国家，产业科学家每年可支配的经费大约在 20 万美元左右，浮动很小（在 5 万美元以内）。但在学术界，不同国家的科研经费差别却很大（如图 7–3 所示）。这里，我使用的数据来自经合组织，因此，我必须假设在每个国家内部，每个科学家所分到的经费差不多。按照这个基础来计算，英国在每位学术科学家身上投资 2 万美元左右。这个金额只占西班牙、加拿大和奥地利的一半。而日本、法国和美国在每位学术科学家身上投入的经费是 8 万美元。厉害的当属韩国，每位学术科学家每年可支配的平均经费超过 10 万美元，是英国的 5 倍还多。英国政府实施的一项研究也得出了相似的结论。难怪英国在研究效率上首屈一指，因为每花 1 美元得到的研究成果最多。不可避免的结果是，在英国，不仅管理机构十分精简，在工资和设备投资方面也十分节约。5 倍的差距是很惊人的，因为并无证据表明二者

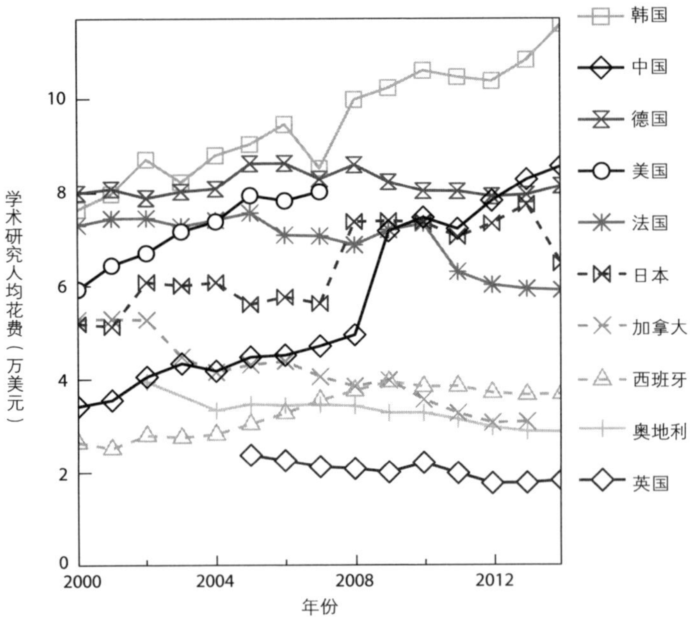

图 7–3　经合组织各国及中国在过去 10 年里分到每位科学家头上的平均学术经费（包括所有科研经费和建设科研基础设施的经费）

在科学成果产出上有多大区别。

我们还必须记住，政府对科学的资助只是科研经费来源的一个方面。在英国，来自产业合同、欧盟和慈善公益基金会的科研经费是政府研究委员会提供经费的两倍多，而对工程和医疗方面的科学家来说，这一比例更高。类似的比例在许多国家都可以看到，但我们并不清楚非纳税渠道的经费（比如诺贝尔奖）在基础科学研究而非技术研发方面投入了多少。

狼吞虎咽

对科研经费的需求主要源自科学家数量的不断增加。但即使在科学家数量基本保持稳定的国家，科学生态系统内部的竞争也越来越激烈，这提升了科学家的雄心抱负，从而增加了他们对额外经费的需求，以此来保持自己的竞争力。从全球来看，科研领域的科学家总数增长了，因此，竞争更加激烈，出成果的速度也更加关键。如果他们没有经费来购买竞争者都在使用的先进设备，就算技高一筹，他们也很难在竞争中取胜。有时候，缺乏经费的科学家能创造出比市面上最好的设备还要好的解决方案，甚至可能创造出人人都想要的下一代新设备。但是，如果你想要自己发明研究工具，那么，这显然会拖慢整个研究进程，因为你不仅需要建造新设备，还需要用它来做研究。

退一步看，我们可能会问，科学研究最合适的节奏到底是什么样？如果我们将科学领导力的争夺战视为一场你死我活的战役，最后只有一个国家能取胜（当然，我认为现实并非如此），那么，每个国家的管理层都需要决定资助什么样的科研项目——是对所有项目都大力支持，还是选择性地发放经费？显然，对这个问题的讨论都围绕着科学研究的功利性观点展开。这种观点认为，科学的回报与其结果直接相关。但从另一个方面来看，新颖的科学通常产生于意想不到的地方，因此，在许多领域进行广泛投资最可能发掘出科学的宝藏。

研究本身也变得越来越昂贵。在过去的培养系统中，年轻科学家收入微薄，但足以令他们全身心投入科研。现代科学家做学术的方法就好像古代修道院的苦行僧沉思创世之荣光一般，这绝不是偶然。现在这个时代并不需要这种牺牲（我们将在下一章讨论这个问题），但依然很难向年轻科学家提供经济保障。正式职位并不向年轻人开放，因为人们不知道这些年轻科学家是否愿意终身投身科学。科学研究的职业化意味着薪水理应反映出技能、职业训练和社会的需求。因此，科研成本增加的其中一个原因正是科学家的成本增加了。

另一个日益增长的科研成本来自昂贵设备的开发与扩散。技术上较为简单的问题基本上都已经解决了（牛顿从未要求报销苹果和三棱镜的开销），如今科学家钻研的是与人类尺度相去甚远的精细世界。因此，为了让科学家能够感知那些世界，人们开发了许多精密的仪器，这使科学家得以感受原子的存在，用视频捕捉细胞的颤动，还能感受到古代冰川微弱的热量。这些机器是进行现代科学研究的先决条件，但自己建造或者购买这些机器都是非常昂贵的。如果科研的理由是尽可能快地获取新知识（也就是产生影响、申请专利以及了解原理），那么，花钱购买基础设施是极其重要的。

科研如何产生回报?

做研究能带来什么利益？科学家们的看法十分微妙，横跨科学生态系统的服务与产品，简而言之就是“为了生产知识而生产知识”。大多数科学家相信在科学研究上投入经费对他们的祖国有很大的好处。大多数政府也拥有同样的信念。但是，是否有证据表明科研投入对国家而不是全球有用呢？政府的科研投资是否真的提升了人民的生活水平？如果是，如何提升？

科学目前遵循着一种“哥伦布式”的创新模型。在这种模型中，科学家理应追求自己的想法，只要他们这样做，就能产生新发现，带来新用途。这种“交给我办吧”的态度根深蒂固，对科学家来说十分方便，但并没有明显的证据表明它真的有效。对后续社会利益来说，一大问题是最初发现和实际利用之间的时间间隔可能非常长。在这种情况下，最初的科学突破发生的那个国家并不是唯一的受益者。正如我们所看到的那样，科学是非常全球化的，因此，只要有人感兴趣，愿意了解新发现及其影响，知识就会不可避免地流向那里。

科研还在很多地方刺激了当地经济的发展。在某些地方，高校被视为城市经济发展的动力源。一些人希望通过鼓励创业和高科技初创公司的方式来实现这一点，但不是太成功，不过的确存在一些成功的特殊例子，比如美国加州的硅谷和英国剑桥附近的“硅沼”。近期的研究表明，在美国，高校科研的高投入与城市经济增长和就业之间并没有明显的因果关系。世界各地的城市边缘地带都在修建高校研究园，它们对当地就业影响甚微，却占用了宝贵的税源和社区土地，消耗了活力。如果将这些资源挪作他用，或采取更有效的策略，可能产生更好的结果。但人们对这种方式过于执着，以至于各地政府都大力鼓励修建这样的高校研究园（如图 7–4 所示）。

审视一番全球各地的科研支出，你会惊讶于贫富差距之巨大。非洲的科研支出注定在几十年内保持极少的金额，不过那里的情况正在发生缓慢的变化。西方国家的科学家研究的课题通常与非洲欠发达地区和环境问题恶劣的社会密切相关。这种模式被称为“下渗式科学”，也就是说，一群人进行的科学研究造福另一群完全不同的人。

图 7–4（a）　　图 7–4（b）

图 7–4 创新中心。图 7–4（a）位于美国加州圣何塞市的硅谷，图 7–4（b）位于中国的深圳。资料来源：Coolcaesar/Wikipedia

这种模式与 20 世纪 80 年代流行的“涓滴经济学”类似。涓滴经济学说的是富人的支出能直接帮助穷人（事实似乎并非如此）。而下渗式科学认为，这种方式的科研支出能帮助那些自身缺乏科学研究的社会。然而，这里的一大问题是，科学家们解决的问题并不是阻碍社会发展的关键因素，比方说，他们研发的净水方案必须与非洲赤道地区的环境、气候、文化和经济形势相适应，才能发挥作用，而大多数情况下，他们的科研成果并不适应当地的实际情况。因此，当务之急是激励当地的科学家进行这种研究，但似乎收效甚微。今天，人们逐渐意识到，发达国家和发展中国家科学家的长期合作对双方都大有裨益，这需要更多的科研支出（特别是更多政府之外的经费），才能实现这一点。

目前，从科研投资的角度来看，最重要的回报是在科研过程中建立起来的人力资源。科学家在这个过程中得到了训练，他们身上培养出来的分析问题和解决问题的能力对各方面来说都十分有用，从商业到政府，从经济到慈善机构，皆是如此。如果一个国家想要以此作为投资科学的理由，那么他们会想了解这个过程中需要多少培训，如何才能将这些科学家培养成下一代教师。在大多数国家，人们才刚刚开始追踪科学家们在项目结束后都在做什么。

科研转化

科研投资与经济增长之间的关系尴尬而模糊。为了加速澄清二者之间的关系，过去几十年中，各地的高校周围涌现出了一大批技术转化办公室。这些机构理应像石油公司一样，在科学研究中汲取出有价值的资产，并在其周围筑起黄金茧壳，帮助其化茧成蝶。不幸的是，目前的证据显示，这种活动亏本的情况居多。我特别喜欢 2005 年由莱斯特（Lester）等人进行的一项研究中的一句话："科技转化最好的形式是将博士生从大学实验室转移到工业领域的新工作中去。"在美国，超过 70% 的技术转化办公室都在亏钱，只有 5% 产生了可观的利润（主要是通过授权新药物）。在英国，高校通过知识产权授权所产生的年均收益在 2005 年前后只有 5 800 万英镑，比科研支出总额的 1% 还少。而在英国，由这方面直接产生的就业机会实在太少，根本无法对整体就业形势产生任何影响。

技术转化的一大难题是产业不能被动地"吸走"所有科研成果，他们还需要花费很多精力将科研成果转化成实际产品。企业需要花费一部分内部科研经费来支持这种隐性知识和"吸收能力"，才能找出和"汲取"具有利用前景的科研成果。产业的这方面需求意味着仅"做好科学"对一个国家来说是远远不够的，还需要精明能干和技术先进的产业。企业内部的科研活动与股东的短期利益之间有一些冲突，因为科学发现通常需要很长的时间才能产生商业回报（比如说，生物技术通常需要超过 20 年的时间）。这就是为什么新点子与科研成果带来企业增长的"线性模型"极难获得证据支持。无独有偶，有人认为一个国家如果产出了科研成果，那么对这些科研成果加以利用，就能直接为这个国家创造出财富，这种说法也缺乏坚实的统计数据的支持。

商业活动与学术研究的目的不同，这导致企业并不愿意公开研究成果，而学术界的研究者则希望他们的科研成果被传播得越广越好。科学家想要多写，而产业则更愿意多读。这种情况演变成了一个稳定的范式，这是因为科学中能产生“公共物品”。如果科学知识能广为人知，社会就能从中获益，因此，它们会鼓励发表新成果的科学家，通过颁奖、主题演讲和资助来表达对他们的尊敬。这也是为什么高校中的学术研究者不那么看重薪水，而更加看重别人的尊重。如若不然，他们会想尽办法将科研成果隐藏起来，与企业交流合作并从中获得经济利益。我们将在第九章看到，尊重就好像一种货币，会发生通货膨胀。这种通货膨胀及其带来的“尊重”财富总额的增长会导致学术科学家的流失（比如说，鼓励更多学术科学家成立衍生公司），向科学文化施加社会压力，可能会对科学造成损害。

为什么想证明政府资助的科研项目对国家有利如此之难？对任何新产品或新服务来说，它们的哪些部分来自过去的研究是一个相对模糊的问题（比起其他输入来说）。在美国，75% 的专利都引用了政府资助的研究，但我们完全不清楚哪些研究对这些新发明起到了关键的作用，而不仅仅是作为背景知识。一项研究显示，在 1974 年投资 1.25 亿美元进行药物研究，到 1993 年（也就是 20 年后）平均只能开发出一种有用的新药物。想量化这些科研进展对推动社会进步的作用也十分困难。除了影响企业利润之外，它们对社会的改变也并不总是有百利而无一害的：预防胚胎早期死亡会增加人口，预防老年人的死亡会向养老基金施加更大的压力，并且日益加剧穷人与富人之间以及年轻人与老年人之间的经济不平衡。

上述分析只考虑了投资科学项目的直接回报，但科学对国家有利还体现在另一种方式上：科学知识能够提升整个社会的能力。新工具和新方法能间接帮助许多公司。从科研项目中培养出来的科学家不仅可能被招入产业公司的麾下，还可能加入公务员和其他组织的行列，提升这些组织解决问题的能力。人脉网络的范围扩大了，可能产生许多新的发明创造。这种来自科研队伍的“溢出”现象是以人为基础的，既对局部地区影响重大，也可能产生全球性的影响。

有人研究过美国的局部溢出现象。他们研究了专利引用的论文中有多少来自本地的高校，有多少来自其他地区的高校，结果，前者是后者的两倍还多（相比随机概率）。但是，我们并不知道在这些专利中，有多少是真正有用的专利，并能产生新利润，特别是与那些已有的产学研合作项目或高校衍生公司的相比。实际上，尽管许多高校对创业十分热情，其专利数量不断攀升，但研究显示，比起产业中产生的专利，这些高校专利被引用的次数越来越少。最近，英国财政研究协会的一项研究显示，有证据表明，资助科研对那些在任何产业都尚未产生较大利润的国家来说是切实有用的，能够帮助他们追赶其他国家的脚步。这些国家落后得越多，科研投资对他们的帮助就越大。因此，美国（这个国家的成果处于许多产业的前沿）在自己资助科学的同时，实际上也在帮助其他国家，甚至比帮助自己还多。

既然产业中的科技发展似乎并不能立刻（也就是在 10 年内）产生效果，为什么政府还愿意投资科学？显然，许多游说团体为政府讲了许多强有力的案例和故事（比如硅谷或波士顿），这些故事比统计数据更吸引人。虽然资助科学从市场的角度来看是失败的，但它却对整个社会大有裨益，因此，我们可以说，所有的科学都是科学生态系统提供的服务。在这种情况下，这种服务所创造的利益是为了我们的孩子，以及孩子的孩子。孩子是社会的未来。过去几十年里，政府未能做出成就来支持未来的孩子们，相反，政府为了支持正在老去的一代人，而将债务转嫁到未来的孩子们身上。政府在考虑问题时通常只会考虑未来五年，而科学投资很难在五年内产生直接效益。因此，关于科研经费的问题最好由公众与科学家直接商讨，而政府只作为中间人参与。

选择方向

怎样花钱才算明智？

想象一下，假如你负责一笔多达 10 亿美元的科学开支，你会怎样支出？你会寻找怎样的课题？如何花销才算明智？科学家们总是抱怨分到自己项目上的经费太少，但事实上，在如此之多的课题之中做选择令人眼花缭乱、思维麻木。只要关于你有经费的风声传出去，就会引发一连串的反应，你的门槛会被寻求经费的科学家踏破。对经费的需求似乎永远得不到满足。

由政府提供经费的研究机构必须向财政部门解释他们是如何使用这些经费的。当初，他们曾许下了许多诺言。评判研究机构的标准是看他们是否能魔法般地将科研经费转化为科学，将纳税人的钱转化为“成果”。如果他们大获成功，那么他们的信誉度也会相应地提升，当他们再次申请经费并许下类似的诺言时，人们会更加信赖他们。与此同时，他们也为整个科学社群的基础提供了支持。科研失败会危害社会，动摇科学的基础。更具体地说，评判基金资助机构的能力主要取决于它的重要性，今天，这一点依赖于它们的基金总额以及增长率。同时，机构的重要性还取决于其社会知名度——人们是否知道它是许多科学突破的背后金主，或者它催生了许多新公司和就业机会。

我参加过一些由公众参与的焦点小组。在小组讨论中，当人们听说科学家可以自由选择他们想做的研究时，都表示十分震惊。他们不禁疑惑：为什么没有人告诉科学家哪些研究对国家很重要，并要求他们聚焦于此？为什么不成立只聚焦于某个问题的研究院，并招聘科学家来专职进行某些特定的研究？实际上，有时在产业中，科学家的确拥有清晰的角色，他们的项目是由其他人决定并分派给他们的。但大多数情况下，这对科学研究来说并不是一个行之有效的方式。即使是为了解决某些特定问题的研究也同样需要一定程度的试水与探索，想要完全遵照最初设定的科研方向是不太可能的。而更令人困扰的问题是，到底什么科研项目对国家最有利？由谁来做这些决策？

在某些国家（现在主要是在亚洲），研究计划部门塞满了有权下命令的专家。他们会决定这个国家需要多少化学家，需要什么样的化学家，他们应该加入什么团队。他们会决定是否建立新的研究机构来研究光疗，或者开启一项在火星上挖掘矿石的计划。在这种“自上而下”的理念背后，决策权集中在少数人的手中，这令我十分担忧。但即便如此，他们也几乎不能决定每个科学家下一步必须做什么研究。在其他国家，研究计划部门的作用更像是科学界的“天线”，他们忙于构建共识和组织各种委员会，并让这些委员会成员来负责做决策。

审视思想

每个国家都演化出了一套系统，将巨额的政府开支分拆成较小的部分，分配给不同领域，并进一步分配给同一领域下的不同学科。科学家想要获得这些经费，必须撰写研究计划书，证明他们的研究很重要，为什么值得资助。这些计划书由其他几位科学家进行同行评议。这些科学家大都来自同一个国家，因为他们足够了解当地的情况和每位申请人所处的环境。之后，会有一个专家组对若干计划书的同行评议进行讨论，给出排名。这个排名将决定哪些计划书最终能斩获经费。基金资助机构用这个信息来同研究机构签订合约，实施研究计划。这个过程体现了一种思想——新点子可能出现在科学界的任何领域，它们彼此竞争，只有最有希望的提议才能获得经费。简而言之，对该国科学家群体来说，听起来最吸引人的计划比其他计划更有希望获得经费。

除此之外，还出现了许多其他形式。有时候，申请人能看到审稿人的意见，并据此提交一份反驳意见。有时候，研究计划部门会坚持称，申请人必须按照审稿人的意见进行修改（通常是减少经费需求），才能得到经费。如果申请的经费金额十分巨大，专家组可能会造访申请经费的研究团队，对他们进行询问，以确认他们执行研究的优势与不足。研究计划的时间短则一年，长则十年；提交计划的团队少则几人，多则可达到上百人。在一些国家，研究者在某一时刻只能拥有一项经费，而另一些国家允许研究者同时拥有多项经费。有时候，研究者上一份经费的履行情况十分重要；有时候，每份经费都会被分别考虑，并不考虑申请者过去的表现。有时候，只有计划详尽的团队才能获得经费，但有时候，经费也会发放给研究者，让他们自由追求他们认为最好的新科学，或让他们购买昂贵的研究设备或建造基础设施。

基金资助机构青睐这种系统，因为这让他们能够同时从许多研究者那里获得灵感，并且，科学界自身总能让不同的代表轮流承担责任，从而做出集体决策。新的科学思想能够自证其价值，只需说服本领域内那些评判科研质量和科研影响力的人即可。资源可以根据其承诺在不同领域间快速移动。如果高层的讨论认为某个重要领域缺乏研究，那么，他们就会发布召集该领域研究计划书的“召集令”。这种召集令一般都不会无人应答，因为科学家们总能将“召集令”导向他们自己的研究。

这就在持续不断的经费申请与探索新发现的灵活性之间形成了一个平衡点。这是一个市场资本主义的模型。在这个模型中，研究计划书成功通过审批的科学家能茁壮成长，而其他人则消失在风中。没有人知道应该如何做，但是，获得经费的过程却极大影响了科学家最终能执行什么样的科学研究。领域内的科学家社群的意见十分重要，因为他们知道申请人过去的成果如何，也知道新研究是否真的有趣和可行。

为钱而写

在每个国家，为研究经费而展开的竞争都十分激烈。因此，研究计划书的“打磨”似乎永无止境。它们必须读起来既新颖又有趣，还必须切实可行，即使其中一部分无法实现，也值得一做。审稿人必须对申请书保密，如果存在利益冲突，必须声明。但他们得以一窥申请人还未实现的最好点子，因此，申请人必须小心谨慎地披露信息。作为回报，审稿人必须撰写理由充分、合乎逻辑、论述详尽的匿名评论，这些评论必须有助于稍后专家组的讨论，因为专家组的科学家来自较为广泛的领域，对申请人专精的领域并不一定很擅长。许多科学家告诉我，他们很害怕竞争者会在这个过程中偷走他们的点子。他们当然有理由担心，但在我的经历中，还没有发生过这样的事情。

如何表达和传递思想，也十分重要。一个科学思想再精彩，如果表达方式过于谦虚和随便，也无法让人兴奋，无法得到审稿人的支持。如果一份申请书对未来的展望过多，但缺乏实施细节，就很像无法带来任何成果的白日梦。如果申请的经费过多，同行（审稿人）会觉得申请人太贪心。所有高影响力论文所需的特征，在撰写研究计划书的时候也都同样需要。许多科学家在计划书上所花费的时间比出成果后撰写论文的时间还多。关于对什么样的计划能授予经费，每个子领域都有自己的共识。如果不遵照这种共识，你就有麻烦了。

斩获经费的技能之一是将一项研究“裹”进一个一群年轻科学家能在几年内完成的项目中。计划书说到底是关于科学可能如何进步的“传说”，其中包含着不同情调的故事，个个都期待审稿人会相信和买单。有经验的科学家通常会隐秘地进行一些十分新颖的研究，然后再为其申请经费。新点子通常更容易令人兴奋，因此，申请经费来继续研究一项十分棘手的问题，很可能无法如愿以偿。其间的竞争十分激烈，这加剧了人们哗众取宠的倾向，个个都声称自己的研究值得关注、影响深远、别具匠心。

在我看来，这种遴选研究的方式青睐那些写作能力较强的申请人。他们写出的故事抓人眼球，但他们的研究项目却并不一定是最好的。然而，在这种“同行评议经费申请书”的项目遴选方式之外，还不存在其他令人信服的方式。这个系统存在许多问题，但其他方式也一样。经费资源是有限的，必须有足够的理由才能投资。另一种发放经费的方式是长期为成功而年长的科学家提供稳定的大额经费，让他们随心所欲地做研究。然而，顶级科学家之间的“互相支持”会加强这其中可能出现的任何结构，因此，系统中一旦出现弱项，便很难消除，容易降低经费的执行效率。

同行评议的系统理应带来新思想，奖赏优秀的人才（无论他们年长还是年幼），并为他们提供他们所需的资源。如果做不到这一点，那么，无论从策略还是实践的角度看，都是令人担忧的。这种系统中的科学家无法得知几年后他们会做什么研究。他们希望一切都能如愿以偿，但他们总是提心吊胆的，因为他们不知道他们的科学“胃口”是能得到满足，还是会面临一段饥荒岁月。他们的整个职业生涯都为此坐立不安，并不会因年长而变得平和，也不会培养出更好的风度。于是，科学生态系统越来越像一个测试“选择压力”的实验。温文尔雅与激进求胜，哪一个在科学上更容易成功？我认为，过于强调竞争会降低科学家的多样性，同时降低整个系统的能力。指导和支持的行为会消失吗？通常情况下，激烈的竞争会降低人们对这些行为的投入和意愿。对群体、学科、部门、高校、社会或国家的忠诚，哪一个会凋谢？竞争会加强对紧密关系的忠诚度，从而降低对科学界中范围更广、关系更疏远的人的支持与鼓励。在这些压力面前，科学生态系统受到了考验。

同行评议式的资助方式还有一个难点，那就是与日俱增的经济需求。提交的经费申请书越来越多，这在评议它们的社群中播下了越来越多的种子。科学家在计划书上花费的时间越来越多，如果最终得不到经费，这些时间大都被浪费掉了。那些无法得到经费的科学家虽然也训练有素，但由于被这个系统抛弃，日子十分不好过，只好与科研事业渐行渐远。这种系统是建立在早期科学家的短期研究合约之上的，并直接转化为职业问题（我们将在下一章讨论这个问题），因为他们都因经费决策过于遥远而面临同样不确定的未来。这样的系统中不可避免会出现不平等的问题，成功的科学家更容易获得经费（类似于论文影响力上的累积性优势），经费集中在顶尖研究机构和团队那里，而其他人只好饥寒交迫、望“钱”兴叹。这种竞争说白了就是对钱的竞争，因此，它几乎成了科学家存在的目的，而不仅仅是用来做科研的资源。

科学“花车”中的时髦点子更容易获得经费，即使它们的说服力乏善可陈，在这种领域，政治游说十分活跃。由于这种项目的直接竞争对手是国外的“花车”研究，因此，它们自身并不能真正推动科学的进步。这个现象向人们展示了决策者在不同科研项目（都具备很强的说服力）之间做选择时面临的挑战。如果这些研究跨越不同的领域，更是难上加难。这种跨学科提案的日子并不好过，因为每个审稿人都只精通其中一部分，而且，项目最终面对的决策专家组会感觉，如果资助这个研究，他们自身所在的领域可能会“流失”一部分资金。在这种情况下，科学的啄序排名产生了积极作用，因为它使得国内的几个领域联合起来，组成了一种“部落”式的状态，互相支持彼此的工作，共同提升彼此获得经费的概率。

从更高的层面来看，通过同行评议来决定科研经费的方式缺乏整体策略。想象一下，某年度最好的提案可能惠及某些时下流行的领域，但却可能伤及整体。还有一个反馈是，当某个国家的某个领域十分青睐某个方向和某个方法，在经费上只支持他们的那个领域，鼓励人们都用某种特定的方法去研究那个特定的方向，这些人又会变成守护那个方向的斗士。这个领域逐渐变得与世隔绝，并形成了自我强化的反馈环路。想要动摇该领域的这种自我强化环路是极端困难的，任何来自外界的干预对其来说都是一种威胁，不受欢迎。

近期在科学生态系统中还出现了一种观点，得到了越来越多人的支持，那就是，同行评议系统已经被拉扯到了即将断裂的临界点。这种观点主要是针对经费授予系统，因为提交给政府的研究基金申请越来越多，超过了政府预算的增长，这意味着经费申请失败的可能性也越来越高。到目前为止，申请科研经费最大的成本是科学家投入的时间和精力（这部分时间和精力是由高校出钱，但间接来看，通常也依赖政府）。目前，经费申请成功率只有 33%（英国和德国），少则不到 20%（美国和其他欧盟国家），这体现出一种巨大的浪费。有时，九成的申请都会被拒绝。科学家为什么还要吃力不讨好地干这活儿呢？

关键的一点是，写申请所花费的精力比起他们希望获得的回报来说，根本不值一提。尽管成功率并不高，但一旦成功，就能完全弥补之前的损失（在英国，只要成功率不降到 10% 以下就行）。但是，如果科学生态系统变成一个完全竞争的系统，那情况会变得更糟。英国一份 2006 年的评论显示，学术科学家在评估和排序经费上花费的时间如果折算成现金值的话，只占到用来撰写经费申请书时间的四分之一，这说明，在这个系统中，创造性工作得到的支持多于评估性工作。这个数字令英国研究委员会十分担忧，于是他们开始尝试扭转基金申请日益增多的局面，对那些每次申请都被专家组拿来垫底排名的科学家进行惩罚。你可能会很自然地认为，这种做法一定会招致狂风暴雨般的反对。然而，实际上，大多数人都保持了沉默，因为他们认为这种做法是必要的，如果申请成功率降到 20% 以下，科学家们的士气将大大受挫，而这种做法能避免这种现象的发生。这种做法并没有减少高风险的研究申请，但它确实减少了申请数量，提升了申请经费的金额（不过，我认为这可能会降低科研项目的多样性）。经费申请成功率低迷的一个危险后果是，科学家们的士气受挫，开始寻找其他国家的科研经费，这可能导致顶尖科学家被吸引到国外去，给国家战略带来很大的负面影响。

什么学科得钱最多？

除了这些挑战，我们还应该质疑，政府资金为什么要根据不同的学科来进行分配？我们应该花多少钱在生物学上？应该多于还是少于粒子物理学？尽管科学家们总是声称他们不愿意同政治打交道，但是，从本质上来说，所有资源的分配都是由政治决定的。似乎没人知道应该如何解决这个问题。粒子物理学家会说，他们不仅是探索者，还能在探索的过程中成立衍生公司和项目，宣称他们在欧洲核子研究组织发明了万维网。但是，这并不是粒子物理学独有的益处，在任何具备技术挑战的领域进行投资，都可能产生新成果。我们应该问的一个问题是，我们手上握着大笔钱，可供投入任何学科，那么，哪一个学科最能为纳税人创造出大有前途的成果？需要花费多少时间？这能让关于各个学科最小层面的策略重新达到平衡。不说现在，看一看历史数据就会发现，科研经费在各个学科之间的分配模式早已板上钉钉，主要是为了避免它们在少量资源的分配上不停地吵来吵去。某个学科的研究经费金额与该学科的科学家数量之间存在一定的相关性，但关于这方面通常并没有直接的策略。这种分布变得自我强化，拒绝任何可能的动摇因素，比如将学科边界变得模糊的跨学科研究。在全球尺度上来说，从未有人想过这个世界需要多少化学家，也没人思考过我们是否应该限制从事某个领域的科学家总数。我们将在最后一章讨论这个问题。

在许多国家，政府的不同部门有时会互相竞争，争相向同一个科研项目提供经费，比如说一些基础科学、能源发展、军事、环境、健康等方面的项目，这些项目既可做成全国性项目，也可以只在某个地区由地方政府展开。由于科学中真正的突破性进展少之又少，这些“金主”之间的竞争十分激烈，个个都想资助最好的研究者，这种情况又将权力交回科学家的手中。所有官僚组织都不愿意落后于人，不愿错失可能实现其愿景的好机会。他们的群体心理是一股强大的力量。科学家们提交给每个投资方的申请书都会经历同样的同行评议系统，因此，这些机构最后都选择资助同样的研究，也就不足为奇了。

在科学生态系统中，投资者和学科之间竞争资源来“喂养”最有希望的科学家。就像股票市场一样，信心和反馈扮演的角色比理想更重要，产生古怪的颠簸与涌动，而不是稳定的增长。这个过程就像跷跷板一样，不停地在不同的极端之间摇摆，时饱时饥，反反复复，永不停歇。

大获成功？

作为纳税人，我们资助的是最成功、排名最靠前的研究计划。我们可能对这种方式十分满意，认为这种投资是明智的，最有希望带来新科学。但是，我们事后如何才能知道结果是好是坏呢？我们不可能自己去阅读所有科学论文，这即使对基金资助机构来说也是一项不可能的任务。这些机构更关注的是如何明智地进行下一笔投资，而不是为评估过去的投资增加运营成本，更别说他们过去所做的差强人意的决定了。他们没有兴趣去关注这个问题，也没兴趣去反思，如果当初选择另一个项目，会得到怎样不同的结果。

如果要说科研经费的表现，那每个人的感觉可能都不一样。欧盟的评估过程尾大不掉、长篇累牍，让欧洲大陆的这一代科学家怨声载道，因为他们被压在官僚主义的五指山下动弹不得。这个评估过程包括所有经费的中期评估，如果与预期相比出现较大的落后，那项目就会被终止。实际上，被终止的案例少之又少，一部分原因是科学家们会至少做一些事情来避免让行政部门陷入这种困境，另一部分原因是提供评议的审稿人来自同一个社群。评估的过程要求科学家提交额外的报告，进行额外的演讲。许多报告和演讲的材料都直接来自论文或会议演讲，但为了项目的正式流程而重新编排，并美其名曰“里程碑”（milestones）和“可交付成果”（deliverables）。这种流程是从形式化的项目规划流程中引入科学界的，其初衷是让资助者和科学家都能更好地对进程和资源进行管理。但是，科学研究的进展具有高度的不确定性，因此，大多数科学家都认为这种精确的计划方式完全不合时宜。他们大都将这种方式视为一种虚构的故事，其目的是满足行政管理者，让他们相信项目正在顺利推进。实际上，这种行为展示了科学家对自己的极度不信任。这些工具并不是完全没用，但管理者使用起来却不假思索，不去理解真正涉及的科学道理，就好像二者应该彼此分离，仿佛管理科学与管理其他所有开支应该没什么两样似的。

最大的问题是，科学研究理应深入未知的疆域，没有什么理由可以阻挡这番探索。花费了几十亿欧元的欧洲核子研究组织将质子高速撞击，从而发现了希格斯玻色子，但也可能除此之外一无所获。尽管科学家们会乐观地说，即便如此，这个项目依然很重要，但在公众看来，这会令人大失所望，甚至那些乐观的科学家稍后也会加入失望的行列。但是，如果没有对未知的好奇心，我们可能从一开始就根本不会考虑这个项目。另一方面，法国正在建设的实验性聚变反应堆理应早已确定了尽可能多的风险，投资者期待他们的科研成果能告诉人们如何用聚变来发电。这种仔细考察与风投机构投资初创企业时进行的考察没有太大的不同：投资者迫切地想知道一些只有在投资真正生效后才能回答的问题。个人在做决策时，对高风险的喜好程度似乎高于集体决策。我们每天都高高兴兴地选择开车上班，但作为整体，我们却强烈要求政府降低航空交通的风险——这个风险远低于地面交通的风险。大多数纳税人都能坦然面对科学研究的风险，因为我们一次又一次地看到科学能够变革我们的知识与技术。但那些身居管理职位的人却感觉风险是个很棘手的问题。他们必须向人们展示他们管理的科学是成功的，虽然他们根本不可能知道如果投资另一个科学项目会不会得到更多更好的成果。

繁杂的细节让人们忘记了他们真正的责任是什么。基金资助机构十分关注“花了什么经费”的法律精确性。合同上写满了各种可行的花钱方式。这似乎颇有道理，因为我们不想看到科学家拿科研经费来给自己买奔驰车。另一方面，科学家在经费面前的竞争十分激烈，他们不想浪费好不容易得来的资源。不同国家的问责制十分不同，这种不同取决于在基金资助机构中，财务会计部门的权力大还是战略科学部的权力大。这导致有时候科学家虽然手握经费，却不被允许用来购买仪器设备，而只能用来聘请有相关经验的研究者，或只能用来购买设备，而不能用来招人，即使这样做可能对科研更有利。这些对资源的角力说到底是人们对“谁有资源”的意见不一致——是基金资助机构，签订合约的研究机构，还是领导科研的科学家？科研经费必须在某一个特定的日期之前花完，而不是根据科研的需要来安排。从理论上说，根据计划，经费应该在“年终”或“经费期末”之前全部花完，否则就会被冻结。科学研究很少能严格按计划展开，因此，许多计划让科学家头疼，因为它们对科学家来说完全不着边际。科学家们必须匆匆忙忙地赶着花钱，而事实上，这些钱如果慢慢花、有效率地花，可能更加明智。从投资者的角度看，这些要求保证了科研项目按照合适的节奏进行，这样，基金资助机构就能向他们的上级机构展示相关的活动，但令人遗憾的是，这一切只取决于花钱的速度。

科学家想要从不同来源寻求经费的一个原因是他们想将不同的经费组合在一起，从而起到桥梁的作用。由于使用纳税人的钱来做科研会面临许多束缚，科学家们需要其他“不设限”的经费，比如来自产业公司的经费，因为公司通常只需要科学家完成项目即可，而不那么死抠细节。在一些国家（比如日本），这种无限制的经费被认为是不正当和危险的，表面上被明令禁止。但不幸的是，每个投资方都用自己的方式让问题变得更加复杂。慈善公益机构认为，高校基础设施建设是政府的责任，因此，他们只需要为他们想要的科研活动买单即可。然而，做科研真正要花费多少成本？这原来也是一个角斗场。接下来，我将讨论这个话题。

无处不在的野兽

今天，许多科研项目都发生在高校（或隶属于高校的研究机构）内，这似乎已成为一件很自然的事情。在高校中，身居永久职位的学术研究者除了做研究之外，还必须教书上课，包括训练年轻科学家。如果没有高校，想学习如何成为科学家是一件很难的事情。同时，高校还要与直接的商业活动或直接的研究目的划清界限。高校应该像修道院一样，成为深刻思考和长期研究的场所，才能破旧立新。在现代科学研究中，如何才能实现这些目标呢？高校的控制力来自他们发放博士学位的特权。但是，科学界的竞争十分激烈，这意味着内省式的长期沉思是极其罕见的，不过，高校依然保护着这种象牙塔式的思考。同时，在隔壁就能找到最佳合作者的方法如今也不太奏效了，因为高校的规模不断扩张，大多数科学家并不能靠在路上偶然撞见的方式来邂逅来自其他学科的未来合作者，大多数科学家甚至不知道他们自己学院的其他科学家都在做什么研究。但是，许多高校都拥有极佳的基础设施，并嘉奖成功的科学家，以此来保持对科学家的吸引力。每个学科内的年轻学生们的近距离接触能为科学思考与科学实践注入宝贵的生命力。在这个过程中，他们也得以了解人类知识的边界，而这些都是从教材和课程中无法学到的。

高校扮演着为科学提供“住所”的角色，正因为如此，高校得到了长足的发展。在面对压力时，高校的反应与生物类似，都是由内向外。高校科学家总是想要更多基础设施，并招揽尽可能多的年轻研究者。他们所在的院系既想要他们给本科生上课，又想让他们成为学科内国际知名的“灯塔”式人物，点燃未来的火焰。要实现这一点，他们需要更多空间、更多从事支持工作的行政职员，并在全球招聘最好的科学家。教职员工不想让院系降低未来的经费投入，他们希望能在最大和最小的考量尺度上达到一个平衡点。高校管理层则希望提升该高校在社会中的重要性，以及他们自己在本校的地位，同时将学校引向必要且大有希望的方向。只要给予必要的资源，高校就能无限增长，不过，各国政府对高校的控制力有所不同，这取决于外部监管和经费的情况。

许多科学家对他们所在高校的中央行政管理机构怨声载道。虽然他们的研究依赖于整个基础设施，但科学家们面对管理层的关注，感到的是愤怒与束缚，而不是鼓励。理清科学实验所需的零碎事务需要组织尽可能快地进行集中式的谈判，这样才能最好地利用经费。一份研究合同可能需要建设一个崭新的实验室，包括项目所需的煤气和上下水管道、空调、电气环境等。招聘年轻研究者在每个国家都需要遵守法律，还需要撰写正式合同，保证他们得到职业发展的机会和建议。大规模的合作研究要求合作各方共同签署法律协议，所有参与者彼此信任，从而共同谈出“大买卖”。为了支持高校的管理层、建筑物、会计部门和个人，需要一种被称为间接成本的经费，这种费用并不与特定的研究项目关联。在不同的国家中，间接成本的来源不同。有的属于年度开销的一部分，还有的属于科研经费额外的一部分。按照传统的方式，政府为高校提供经费，但却很难控制他们对这种基础设施资源的需求和使用。那么，谁来决定给予高校多少支持呢？

间接成本是随科研经费而来的（在美国、英国或欧盟）。这让高校想要签订更多的科研合约，因为这样他们就能雇用更多后勤人员。每个资助机构（有时是每所高校）计算间接成本的方法都不同，少则一分钱也没有，多则能达到直接科研经费的两倍还多。不同国家支持高校的方式不同，扭曲了对国际经费或产业经费的竞争，并且各国似乎不太可能采用一个共同的方案。在某些国家，政府在经费方面较为强硬，他们将经费直接发放给高校的管理层。在这种情况下，间接成本造成的压力较小，对间接成本的需求也较少，这降低了他们对科研经费的需求。对跨国企业来说，研究机构的规模越大，就越能建造时下最先进的基础设施，也更能吸引最成功的科学家。因此，这种机构的影响力也与日俱增。这种残酷的资源集中化受到的唯一抵抗可能来自科学本身，因为科学能从最令人惊讶、最缺乏经费的地方萌发出来。然而，对高校来说，引诱经费充足的科学家加入，乃是一个主要的目标。于是，高校间的不平等现象不可避免地持续加剧。

随着高校的不断扩张，他们会发现，当困难降临时，想要缩减开支是一件很难的事。假如一个国家或州政府突然削减了科研开支，或者来自股票市场的捐款突然暴跌（比如2008年后的哈佛大学），高校的复原能力通常并不是很强。高校十分依赖政府，因为政府不会允许任何一所著名大学破产，因此，高校通常并没有准备好应对最坏的情况。正如贾雷德·戴蒙德在《崩溃》（*Collapse*）一书中所说的那样，过度扩张是社会在高峰阶段开始自毁的根本原因。而规模已经足够大的高校除了“变得更大”以外似乎无路可走。“大而不倒”理论似乎并不局限于银行，对日益膨胀的高校“巨兽”，几乎没有任何监管。持续增长的行政部门拥有一种“自我强化”的特性，导致管理层逐渐与科学家和后勤人员渐行渐远，因此，双方都不能真正理解为什么对方被捆绑在科学生态系统的某个蛛网上，动弹不得。管理中的这种摩擦是高校面临的一大挑战。

在一些国家，科学开支增长迅速，其间产生的科研机构还没能真正成形。部分刚成立不久的高校和研究机构（比如在沙特阿拉伯、新加坡和俄罗斯）在过去十年一直在建立混合式的文化，试图拓展国际联系，招揽人才，但却很难在短时间内做出成就。在其他国家，高校的啄序排名历史悠久，是在几百年的时间里形成的，这使聪颖灵活、充满创造精神的新兴大学与行动缓慢的“巨人式”高校之间形成了一种对抗关系。在科学界，由于研究者的个性、科研种类和经费需求各有不同，两种形式的大学都各自扮演着不同的角色（如图 7–5 所示）。

那么，这些因素如何影响科学？如果一个科学家身处一所规模较小、资源有限的高校，那么，他手中的经费很可能无法给予他想要的大型基础设施。审稿人和经费专家组会讨论在某个地方进行某项科学研究是否真的可行。科学家们需要行政管理人员的支持，而管理层则需要在不同的科研路径中进行选择，看看哪一个最能系统性地提升该高校的专业技能和名誉，从而在未来带来更多资源。如果他们同意建设基础设施，则会带来长期负担，因为设备需要维护。为了减轻这种经济负担，高校被迫放弃一些未来的名誉，以达到平衡。规模较小的高校不可能在所有科学领域都出类拔萃，因此，他们采用的策略是选择一些领域来着重发展，建立一些项目，让他们的研究机构与这些主题相匹配。在这些学校中，不符合这些项目要求的科学家通常很难成功。

图 7–5（a）

图 7–5（b）

图 7–5　传统的旧式大学与新兴高校。图 7–5（a）是成立于 1209 年的英国剑桥大学，图 7–5（b）是成立于 2009 年的阿卜杜拉国王科技大学，位于沙特阿拉伯。资料来源：
Bob Tubbs/Wikimedia; Sam Fentress/ Courtesy of HOK

科学家能吸引什么类型、具备什么能力的年轻研究者加入他们的团队，也取决于他们身处的高校，这导致科学家在某些机构中进行某些类型的科研项目十分困难。

在这个系统中，作为纳税人的我们应当信任哪一部分呢？我们希望基金资助机构和慈善机构花最少的钱、办最大的事，同时还要考虑长期影响。这使得该系统在发放经费上十分有效，同时要求经费的接收方迅速地花钱。高校签订科研合约的目的是求生存，同时提升他们的名誉。科学家接受他们自身所处的文化，采用最好的策略来获取资源，进行科研。他们接受的文化还包括聘用短期研究员，不断申请金额较小的经费，并在审核经费申请书时“串通一气”。这样，我们信任的是一个围绕高校的竞争性结构，但在我看来，这个结构越来越多地通过上面讲述的那些方式来降低系统的多样性，从而夸大那些对社会没太大用处的科研成果。甚至有可能，在一个反乌托邦式的未来，政府的决策由公开的真人秀来决定，这些真人秀要么展示的是金光闪闪的科研项目，要么是跨国高校联盟争相竞争政府经费的一大部分来进行某些特定领域的研究（第 10 章将探讨这个问题）。

何处做科研？

对许多科学家来说，除高校之外，他们还有另一条路可选，那就是加入产业。产业中的公司为他们提供的研究环境主要聚焦于对现有技术进行改进，同时创造利润。公司越大，研究者就越有机会远离当下紧迫的技术问题，而选择研究那些对公司未来愿景至关重要的前沿科学问题。在日立公司，我参与的构造者项目的目标年限是 25 年。因此，并不能简单地说企业只做应用研究，高校只做纯科学研究。许多企业都为人类开启了全新的科学领域。但是，在科学生态系统中，企业和高校所进行的科学研究确实有所不同。除了这二者之外，还有很多其他机构也参与其中，比如科研机构、贸易机构和技术中心。

企业做出了什么科学进展？

过去 50 年中，许多全新的技术都来自基础科学方面的发展。我们讨论过的例子包括柯达开发的半导体相机芯片，以及，位于美国新泽西州的贝尔实验室发明了用于计算机的电子晶体管。今天，人类制造的晶体管数量超过了地球上蚂蚁的数量（今天，活蚂蚁的数量为 32 万万亿，晶体管的数量是这个数字的 4 000 倍）。更近期的一个例子是，20 世纪 90 年代，IBM 发明了一种超薄的金属薄膜，可以探测到硬盘中存储的每一比特数据所产生的弱磁场。这个发明不断催生出信息存储密度更高的存储技术，不过即便如此，还是无法满足人们对快速搜索和云计算的需求。在许多其他领域也同样如此，比如基因测序、化学、生物技术和材料科学。在这些领域，许多带来新技术和新科学的基础科学突破也都发生在企业内。这些科学进展可能直接带来了基础科学的新挑战，也可能为科学进步提供了崭新的工具。

那么，在产业中，谁来决定进行什么科研项目呢？答案是，既来自高级经理自上而下的批准，也来自从事日常科研工作的科学家自下而上的探索。他们所探索的科学领域则更取决于物质材料，也就是我们用来建造、感知和探测的设备。然而，由于科学风险十分不确定，难以管理，因此，失败和成功都可能出现。在过去几十年，人们越来越意识到进行科学研究的风险，这导致情况发生了一些改变，其结果是，产业实验室中的基础研究越来越少。相比之下，越来越多的新科学和新技术诞生于高校和小型初创企业中，接着，资金雄厚的企业会像老鹰捕食一样“猛扑”向这些成果。由于新技术、股东短期利益、聚焦短期表现的管理成本方面的竞争的驱动，基础科学方面的投资受到抑制，因为基础科学的收益只有等待良久才能看出来。

无策略的科学

我们已经看到，科学的成就是科学生态系统中多种因素相互作用的复杂结果。它取决于以下许多因素的混合：科学家社群内的趋势、具有号召力的领导人所确定的挑战、来自公众和投资者的反馈、各种各样的机构特征、国家特点、个人的奇思妙想。没有人能指导科学。我们极度缺乏整体性的策略。与科学出版界类似的反馈持续升温，投资者受到的影响不仅来自科学内部，还来自政府、产业和公众。投资者、产业、政府、研究机构及其职工之间的竞争结合起来，创造出一个过于压抑、日渐好斗的生态系统。

在我们日益增长的科学生态系统中，每个人都想要产生重大影响，这种挑战鼓励有雄心壮志的科学家开始追求时髦的话题，此举帮助他们将信息传播得更远，结果往往会提升这些科学家所在领域的经费数额。随之而来的是多样性的降低，从而降低了复原能力，而科学生产力是否提升变得更加不清晰。我们会在最后一章讨论关于科研经费的更多结论，但是，能改善当下情况的，是参与其中的人。因此，要讨论科学生态系统的最后一个元素，我们必须转向那些真正从事科研的科学家。正是这些科学家推动着科学车轮不断前行，也正是他们，被卡在这个系统运转的齿轮之间，动弹不得。

第 8 章

谁会成为科学家？

在本章中，我将讨论科学家如何开启自己的职业生涯，以及他们面对的来自科学生态系统的选择压力。显而易见，科学家在职业的早期充满了焦虑，因为他们感到十分不稳定，而他们所依赖的系统又十分脆弱。与此同时，该系统的记忆和师徒制度依赖于老一辈科学家，而这些老科学家早就经历了这个系统无情的选择。首先，我要讨论年轻人如何对科学产生兴趣，以及他们可能会遇到怎样不同的科学职业，包括产业中的机会。接着，我将聚焦于年轻人如何在竞争中成为一名成功的学术研究者，从而获得正式职位。我将讨论高校如何决定是否聘用科学家，以及在什么领域聘用科学家。我还将讨论他们的职业和兴趣是如何服从来自科学生态系统的压力的。

谁会成为科学家？

在一个直截了当的世界里，如果你从小就对周遭的事物充满好奇心，总是喜欢把东西拆成零部件，并不停追问："但是……为什么呢？"即使逐渐长大，你也总是不满足于你所得到的答案。那么，你就准备好成为一名科学家了。在这个基础上，加上系统的教育，为你的头脑武装上数学的武器，注入有律可循的事实和解决问题的能力，并将世界在你脑中转化为一系列能用科学来解决的问题，那么，你就可以立刻上路了。在你的同学中，如果你能通过能力、直觉、决心和专注力的考验，那么你就成功了！当然，科学家的职业发展是由我们之前讨论过的科学生态系统的所有角色共同塑造出来的。即便你成了一名科学家，你所做的事情也可能是你当初意想不到的。

机缘巧合

我们珍视选择和自由意志的理念。但是，如果没有“马后炮”的反思，人们从事科学的方式会十分随意。几乎所有科学家在反思他们过去的职业生涯时，都会承认，有一些事情在推动他们从一个方向转向另一个方向。他们的职业发展并非像在高速公路上狂奔一样顺利。相反，他们一会儿登上山巅，一会儿沉下山谷，在崎岖的地形上起起伏伏，在各种可能性周围绕来绕去，有时会因丰厚的回报而被困在一些“小池塘”中。只有那些偶然得到了一个大成果，且这个成果大到足以在很长的时间里支撑他们的研究方向的幸运儿，才拥有看起来比较线性的职业道路。但是，这些幸运儿通常都是那些因为获奖而声名远播之人。由于人类总是喜欢将“进步”的概念与人的发现故事联系起来，我们认为，大多数职业发展都是建立在“机缘巧合”之上。

这可能是一件好事，因为追随希望的脚步听起来是一件十分冒险的事。年轻科学家的经验更少，也更容易受到生态系统其他部分的杂音影响。如果年轻科学家只追求时下最时髦的领域，科学的多样性将进一步萎缩，意外的新发现也将大大减少。这对科学生态系统来说是一个大问题。随选择而来的是对资源的肆意挥霍，因为许多科学家在同样的话题周围绕来绕去。他们几乎以同样的方式重复着同样的研究，但他们并不知道其他人也在做着同样的事情，或者稍微改变一点之后得出甚小的进展。这种浪费是科学生态系统的一部分。

选择的假象可能会为年轻科学家带来噩梦。“关于我余生将追求的事业，一定有一个正确的选择。如果我可以多花一点时间思考，就能找出这个选择。只有到那时，我才能对我的未来做出完美的选择。”推迟选择也推迟了决定专心追求某个方向、放弃其他所有方向的可怕时刻。但事实上，根本不存在完美的选择，因为无论如何选择，其结果都不是立竿见影的，而是取决于未来 40 年的科研事业在科学及其生态系统中如何展开。

那么，我们为什么不将科学家组织起来，随机分派研究领域呢？这样就能保证多样性，降低浪费，并探索时下不太流行的领域了。这样也能避免人才从平静的领域中流失，因为人们如果拥有自由选择的权利，就会大规模“出走”，走向更时髦的领域，而通常情况下，之前的领域有时会突然变得重要起来。冷战时期，由于人们对雷达的需求，高频无线电波科学十分流行，但到了 20 世纪 90 年代，由于需求降低，人们对这个领域的态度逐渐冷淡。然而，由于移动无线技术和金属光学的发展，它又重新回到了历史舞台。

这种以扼杀科学家的自由选择权为代价来惠及广阔的科学生态系统的方式听起来似乎根本不可能。谁来决定将哪些领域的科学家组织起来呢？我们如何决定科研领域之间的界限？如果科学家的领域是别人强加在他们头上的，他们会做何感想？这些艰难的选择确实是别人“强加”在科学家头上的，但却是以更加微妙的方式、通过经费的影响来实现的。如果一个科学家着迷的领域并不时髦，那么，他可能很难找到科研经费，或者他的研究成果很难发表在高影响力期刊上。由于指标对招聘研究员很重要，这进一步加强了目前的研究方向。因此，要成为一名科学家，必须能够适应科学生态系统，以及拥有稳固的职业生态位。

正如我们已经看到的那样，早期的科学生态系统在各方面的规模都很小，最重要的是，科学“回音室”的反馈很微弱。20世纪留给我们的科学家的广度和多样性在这里得到了鼓励，实现了增长。长期以来，人们都认为科学家能够帮助社会（包括他们自身所在的科学社群）振作态度、增加知识。如今，科学生态系统得到了极大的扩张，其内部的竞争十分激烈。能否适应这个生态系统的竞争，对科学家来说至关重要，甚至比以往任何时候都重要。为了探讨这些影响，我现在来讨论一下科学职业道路是如何建立起来的。

踏上科学职业之路

通常情况下，对科学感兴趣的高中生会选择上大学，从而加深他们的科学知识。在几年时间里，他们会接受大量课程的“轰炸”，铸就他们学科训练的核心。在这个过程中，他们面对越来越多的选择，要从中选出他们想要聚焦的方向。即使在跨学科领域，学科的理念依然根深蒂固。当你要招聘一名化学家时，你心里知道他理应是什么样：他理应掌握一些业内一致认可的核心技能，在此基础之上，他理应在后续进一步的学习中累积更多知识。由于这样的思维结构，你能通过了解“进一步的信息”来形成你对他的看法。物理学家学习生物学知识的方式完全不同于材料学家学习生物学知识的方式，也不同于生物学家学习更多生物学知识的方式。因此，一旦你真正投身于某个学科，就没有回头路了。但是，不管你选择哪条路，有一件事是不变的，那就是——学无止境。

在本科或研究生课程结束之时，学生们会参与长达几个月的研究项目。这会使他们从孩提时代开始到现在头一次意识到：原来不知道答案的不仅仅是他们，事实上，没有人知道答案。对一些人来说，这个时刻令人惊恐，不过，对另一些人来说，这是一个启示，他们开始意识到，唯一正确的答案是不存在的。初入学术界的学生们可能会因为找不到足够的参考资料而茫然失措，或者因为真实科研的混乱现状而胆战心惊。在实验室中，整洁划一的实验结果并不常见。相反，你常常会看到实验员对实验标准一知半解，不遵守实验流程，不懂影响实验结果的关键因素是什么，只靠直觉来做实验。仿真实验只在人为控制的小剂量下起作用，即使产生了一些“数据”，实验者也参不透数据背后到底意味着什么。正是这些时刻，让学生“传染上”了科学的“病毒”或“跳蚤”。

探索未知科学的愉悦

探索未知的科学不管从哪方面说，都令人上瘾。那些年纪轻轻就致力于科学的人总是要读个博士学位，而博士学位是成为教授的第一步。读博士是一个“可怕”的选择时刻，因为一旦选择这条路，他们就必须花上 3~6 年的时间（取决于他们所处的科学文化如何），深入挖掘一个学科的子领域（如图 8–1 所示）。对每个学生来说，全世界有成千上万的博士项目在等着他们申请，想做出一个绝对理性的选择是不可能的事情。许多意欲申请的学生都向我请教如何解决这个问题，我的建议是：跟随你的直觉，看看你将加入的团队都是些什么人，他们给你的感觉如何。读博士的关键是通过这种历史悠久的“学徒制度”来学习如何进行科学研究。在这个过程中，每个人都会艰难地学到一件事：一分耕耘，一分收获。努力生活，勤奋工作，一定会有好结果。这种情绪起伏意味着，除了对科学的热爱之外，一定还有其他因素在支撑着博士生们度过艰难的时光和糟糕的时刻，那就是在低谷中依然给

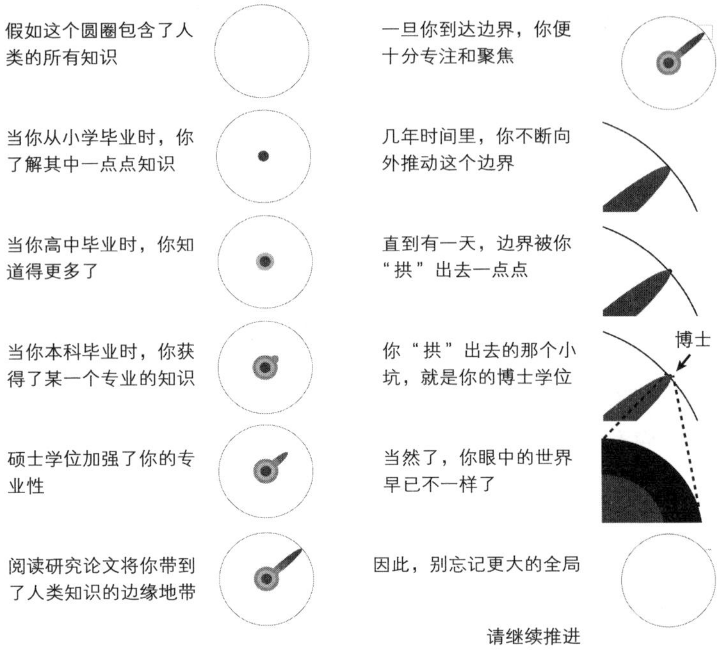

图 8–1　博士生的“恐怖经历”和他们个人对人类知识的贡献。感谢马特·迈特慷慨应允我在此处使用这张图。资料来源：http://matt.might.net/articles/phd-school-in-pictures/

予热切支持的同事和朋友们。相反的情况是，在某个时刻，奇迹发生了，你的研究实现了突破和进展，你身边的人都兴奋不已。你感觉到创造的快乐和发现新事物的喜悦。在科学生涯中，令人着迷的可能是十分不同的东西：有人着迷于在实验室中建造实验设备，有人醉心于在高速计算机上调试先进的软件，有人沉迷于科学家这个社群，也有人喜欢埋首灯下、撰写论文，但他们的共同点是，只要有什么东西如愿以偿地运转起来，每个人都会感到兴奋，那就是由科学中毒带来的快感。

选择读博的人只占社会的一小部分。在整个欧盟地区，在 20~29 岁的年龄段中，选择读博的人所占的比例不一，在瑞士为 0.7%，在意大利和西班牙为 0.3%，在英国和法国为 0.4%。这个数字与该国的科学家总数相关，这显示出研究生毕业后是如何流向研究与开发领域的职位的。

本地支持，全球竞争

博士生的“学徒制”正随着时间的推移缓慢地变化。现在，这种学徒制更多地取决于各个研究团队、基础设施和科研经费。仅靠个人努力的科学独行侠在今天的社会不太可能存在，因为这种方式与当前巨大的科学家数量、庞大的研究规模和极快的研究速度不相称。但是，在大多数国家，科学生态系统对博士生的工作没有产生什么直接的影响。博士生在读博期间，仿佛巢中的幼鸟一样，与外界隔离。他们大多数只知道一件事——如果他们想要推进自己的科研职业生涯，就必须产出高影响力的科研成果。对学术界科学家来说，科研论文拥有至高无上的地位；但对产业界的科学家来说，更重要的则是创新和科技研发的经验，而参加会议的经验和人脉资源则对科学记者和公务员来说更为重要。

对某些人来说，学术研究带来的利益并不足以掩盖科研职业生涯的弊端。研究生们渴望稳定的职业，他们希望自己的工作不要总是要求他们做出全新的成果。这与律师和医生的职业很不一样。对律师和医生来说，他们只需要支持当地社区就可以了，而且，他们会因重复地做好本职工作而受人尊敬。而科学家不一样。科学家总是必须做出一些前所未有的新成果，并且，他们必须不断向全世界的科学家展示自己的成果，以获得他们的尊敬。这些人的特点是：国际性，泛学科，总是充满怀疑。

博士生所接受的教育包括解决问题的能力、建立模型和深度思考，这使得他们其实适应很多职业的要求，比如金融、管理、教师和政府部门。50% 以上的博士生最终的就业岗位都不在他们的专业领域之内，而是分布在那些不那么直接利用他们专业知识的岗位上。我们可以来看看其他职业的数据。在英国，80% 的管道工实习生会一直从事这个职业，95% 的教师也同样如此。这个数据的高低取决于培训的目的是什么。在美国，许多学术科学家相信获取博士学位的目的正是为了成为学术科学家，因此，他们有时候会延长他们的博士生毕业的时间（有时候长达五六年），并认为，博士生毕业后如果从事学术研究以外的其他职业就是一种失败。但是，英国政府不这么认为。相反，他们认为，为博士生提供经费正是为了让他们毕业后能流向社会的其他领域，从而为全社会创造价值（并不只是经济上的价值）。在中国台湾地区，许多成绩优异的学生通常并不会读博，而是直接进入产业，因为博士学位被视为是停滞不前的死水。不过，不管在什么地方，不管博士们最后选择了什么职业，如果你问他们，读博期间的训练对他们到底有多重要，他们无一例外都会强调在这个过程中学到的技能，以及在学习技能的过程中得到的经验和教训。

产业研究岗位

有的博士生最后选择了产业研究的岗位。那么，他们的职业发展走向何处，取决于他们是想要坚持做科研，还是逐步走向管理岗位。他们这个决定对许多高科技公司来说至关重要，因为这些公司愿意招聘聪明绝顶的科研人员，然后从中提拔那些拥有管理潜质的人才，这是他们选拔高级技术经理的重要途径。有人说，IBM 在美国投资修建了大规模的科研实验室，其目的正是为了从科研人员中提拔精英到管理层，从而成为公司未来的生力军。这些人的视野更加开阔，既能理解科学突破，又能理解技术进步，还了解市场和服务，因此，他们更具备全局意识。此举所得到的收益，远远大于他们对实验室的投资。实验室的科研工作所带来的进展和突破，只是蛋糕表面的甜奶油而已。

那些进入产业界的科研人员在科学生态系统中扮演着"职场回头客"的角色。他们既努力实现企业的内部目标，又维系着企业科技基础的健康，与此同时，他们还成了重要的"大使"。在科学界，一个评判影响力的标准是看潜在用户对研究的兴趣有多大。产业公司是科学进展最关键的潜在用户，而在公司内部，最理解科学进展的人莫过于产业研究员。因此，这些人背后的"追求者"甚多，原因有很多：他们可以强调研究计划书的真实影响，他们作为演讲嘉宾可以提升会议的声望，他们可以阐明一篇研究论文的重要性，还能告诉人们为什么一项国际合作项目很重要。这种"大使"的角色拥有许多积极的影响，因为这些构造者真的可以窥见科研的广袤地形，因此，他们有资格提出十分有用和中肯的建议，而这些建议是基于对全局的理解，而不仅仅局限于个人狭窄的视野。他们忠诚的对象常常比学术研究者更广，因为他们不仅仅忠于一所大学，或者一个学科，甚至不仅仅忠诚于某个国家。

从另一个角度看，由于时间和金钱都是有限的，这些产业科学家必须在众多"序曲"中做出选择，科学"马戏团"所产生的影响会被他们的选择放大。如果产业研究员告诉他们的产品经理，他们目前正在进行一项时下十分时髦的合作性研究，那么，他们就更有可能获得奖励和尊重。但通常情况下，真正束缚他们手脚的是，他们在解决公司面临的技术难题时，并不一定是通过对问题的理解，而是找到最快的方法，匆匆打个补丁（按照《弗拉斯卡蒂手册》的定义，这甚至不能带来新的科学知识）。这对年轻的研究员来说可能是一件十分沮丧的事，因为他们之前接受的教育告诉他们，一定要深入思考，而不要考虑成本。但这促使他们与学术界进行合作。这种紧张的局面带来了一波又一波产学研合作，产业界和学术界之间的紧密联系在其中时而中断时而又得到更新。

通往学术界的云梯

学术界职业道路的第一步

对决定留在学术界的博士生来说，他们面临的竞争变得更加激烈了。半个世纪以前，博士生从“学徒”身份出山以后的下一步，便是在高校或者研究机构中获得正式职位。但是，由于每个研究项目的规模和雄心渐长，它们需要越来越多经验丰富的研究员。结果，几十年前，人们创造出了一个新的职位——博士后研究员（postdoctoral research associate，简写为 postdoc 或者 PDRA），这个职位通常是在某人获得博士学位后，为其提供两年的合约。而今天，大多数二十五六岁到三十岁出头的研究者已经拥有好几段这样的职业经历了（有时甚至更多），有时候甚至是在不同的研究机构或不同的国家，从而增加他们的科研经验，让他们在申请永久职位时，能递上一份闪亮的简历。如果科学家想在某个地方扎下根来发展事业，那他们可能会发现，除了极其罕见的情况以外，他们很难进步——那个科学家能在一个地方终其一生做科研的时代已经一去不复返了。

科学家的职业与其他大多数职业十分不同。除了科学家以外，还有哪个职业敢要求技艺高超的职业人士只签订短期合同，而丝毫不给他们长期职业发展的机会呢？医学生会经历一段很艰难的时光，但他们知道他们一定会找到工作。而在科学界，就好像存在一个漏斗，经历了严格训练的博士生像潮水一样被倒进漏斗里，经过狭窄瓶颈的激烈竞争后，才能得到永久职位（如图 8–2 所示）。这种现象在科学生态系统中形成的职业阶梯最终是不可持续的。诚然，这种职业阶梯会存在很多年，因为它为发展中国家的精英研究者们提供了一个搬到发达国家工作，从而极大提升生活质量的机会。这个模型完美符合英国人因资本而诱发的“临时工”式聘用制度。在这个模型中，你能看到中世纪石匠们巡回旅行的身影。在那时，石匠会四处旅行，到很远的地方去学习新的技能，见见世面，然后才找一个地方长久地待下去。说到底，在博士后阶段，人们面对的竞争主要取决于不同社会的移民政策，

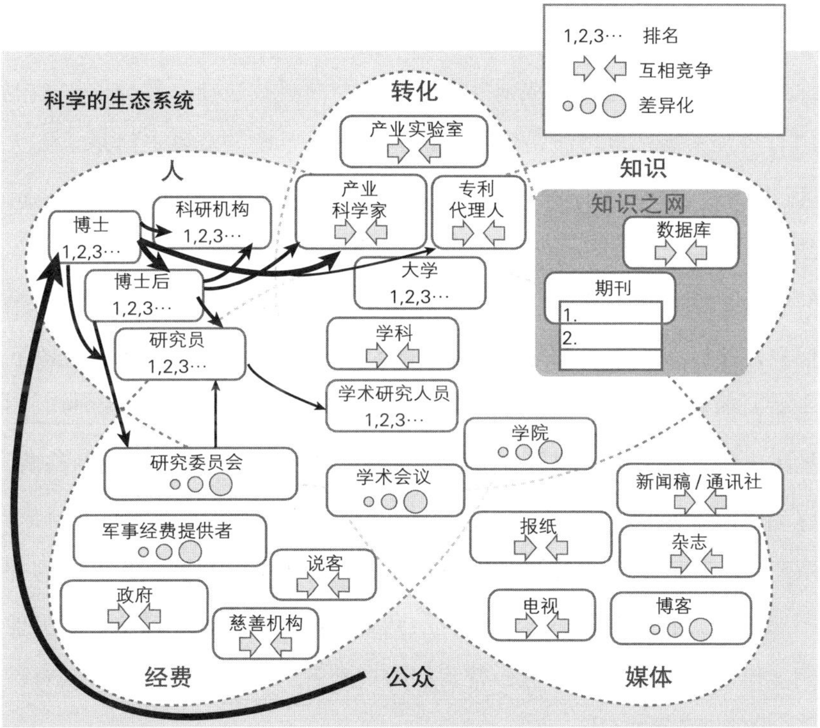

图 8–2　研究科学家所在的“科学生态圈”，表现了流入和流经科学界的人员流动（由箭头的粗细来表示）

以及世界各地教育和财富的发展。

此间的等级制度十分森严。假如一个教授手下指挥着五个博士后，如果这个系统不扩张，那么，第五个博士后就必须离开学术界。同样，博士生如何看待这种“学术出走”，取决于他们的心态：是由于个人对稳定工作的追求，还是对社会成功标准的追求？某些领域近年来出现了极大的扩张（比如生物医药工程），这些领域的情况更糟。整整十年的时间里，许多训练良好的科学家无法在研究机构中获得正式职位——只有少数博士后能在学术界获得正式职位，这个比例多则 15%（美国），少则低于 5%（英国）。然而，这群经验丰富的研究员为我们的社会打造出了许多高质量的科研成果。这群科学家最后就业的岗位范围甚至比博士生还要广。他们分布在各行各业，包括媒体、IT、太空探索、政府等。这些人常创办或推动小型高科技企业，部分原因是他们对系统不满，也可能是他们意识到，这个系统的金科玉律是“人人为己”。将这样的科学家“逐出”学术界，对他们来说反而是一种鼓励，激发他们去承担风险，为社会创造出高效和创新的进步。

这个系统培养出了年轻的干将，却令他们大失所望，无奈之下他们只好选择离开这个系统——这样的系统是危险的。许多人并不会吃回头草，但大多数人都保留了对科学的热爱。一些人激烈地批评政府用纳税人的钱培育出来的科研项目。如何才能驾驭这批干将极大的热情、深刻的洞察力、丰富的经验和卓越的贡献？这个问题几乎没有人讨论。敢于承担风险的人总是坚持不懈，他们拥有很强的自我信念。但这并不意味着我们不能为那些“移居”到其他职业的人铺平道路，因为他们能扮演“大使”的角色，帮我们增进理解，特别是在这个大众对科学的兴趣激增的时代。

研究员的圈子

关于博士后的“供给”过多这个问题，人们想出了一个解决方案，由科研经费提供者提供一种叫作“独立研究员”的职位。这从正式职位的激烈竞争中分走了一部分竞争。一般而言，研究员并没有稳定的职位，但他们的薪水来源是独立的，并且时间较长（通常为五年，甚至更长）。人们希望他们能做出高质量（按今天的标准就是高影响力）的研究，从而将他们推向正式科研职位。这种方式让有前途的科学家可以在职业生涯的早期就进行独立研究，不管成败，都是自己的责任。但是，他们也获得了权力，我们稍后将讨论这一点。于是，那些无法获得研究员职位的科学家便早早意识到自己应该做好离开学术界的准备，寻求其他职业道路，而不会太埋怨社会的不公平。

对于科学生态系统中的每种竞争，我们都应该追问，这种竞争是如何起作用的，它的选择作用如何影响科学的进步。竞争中的赢家便能够播下种子，让其生根发芽，“结”出下一茬科学家。如果他们在风格或物质上存在偏见，这种偏见将会随着时间的推移逐渐渗透进整个系统。

什么样的人能赢取这种研究员的职位？博士后可以申请。他们会准备一份申请书，写明自己过去的研究（在年长科学家的指导下完成的研究），以及详述他们接下来想要进行什么研究。基金的行政工作人员会将申请书按主题分类，请来有名的科学家（当然，他们的名气程度参差不齐）组成专家组，要求他们从中挑出少许候选人。专家组通常是无薪的，这份工作也与他们的雇主无关，而且十分花时间，但这份工作十分值得，因为它涉及“真正”的人，能对下一代科学家进行指导，这是教育的长期目的之一。它也让老一辈科学家得以看到新一代科学家都对什么话题感兴趣。

专家组成员有权青睐他们本领域的申请人，从其他任何领域抽调科学家到他们自己的领域，都能提升该领域的重要性、投入的资源和媒体音量。由于研究员很可能会加入已有的研究团队，专家组成员能以此来推进或阻挠他们的竞争者或合作者的研究。更麻烦的则是来自“时髦”的影响。申请人和专家组成员都受到媒体和科学“花车”的影响，而媒体和科学“花车”都喜欢宣传科学家应当聚焦在哪些领域。在我的经验中，专家组通常对研究主题视而不见，而更关注申请人的未来潜力。但是，想要不受外部的影响是很难的。比如，聚焦在时髦领域的科学家不可避免地得到了更大的影响力和更高的引用量，但这可能无法真正反映出他们的科研质量、创新能力以及他们对科研方法的改进。

邀请经验丰富的科学家来担任专家组成员，理应缓解上述这些不良的外部影响，然而，这种方法是否真的奏效，不得而知。这些有名的科学家早已是科学生态系统中的大赢家，因此，他们要么早已乘着这些新兴领域的浪潮扶摇直上，要么早已在反抗这些新趋势的战役中屡建战功。不管是哪种情况，他们都在新兴科学趋势中占有一席之地（或支持，或反对），留下了浓墨重彩的一笔。申请人自身更是沉浸在这种科学“镜厅”中，因此，他们的申请书往往折射出当下最时髦的科学趋势。目前导师对他们的影响自然是巨大的，他们要么在日常科研中耳濡目染，要么申请书直接获得了指导。

专家组必须从提交的申请书中了解这些年轻科学家到底有多独立，以及他们今后能成长为重要人物的可能性。专家组私底下会向了解这些年轻人的科学家咨询意见，不过，尽管这些意见可以提供十分重要的线索，但由于上述种种原因，他们依然需要对这些意见进行进一步解读，而不能不假思索地全盘接受。比如说，该申请人计划加入某科学家麾下做研究，那么，该科学家对该申请人的评价自然会比其竞争者更加积极。即使他们采用面试的方式来决定申请人的排名，依然会受到偏见的强烈影响。

那么，在这个过程中，哪些申请人会脱颖而出呢？显然是那些有点与众不同、背景不同寻常或者研究经历不一般的人，他们可能参与过地球探索活动，在南极待过不短的时间，或者在亚马孙盆地中研究过色彩斑斓的蝴蝶。如何将这些人与那些用机器混合几百种无色液体，然后在其中搜寻生长较快、较为黏稠的细胞的研究者进行比较？在读过一百份申请书之后，专家组通常会青睐那些给他们留下深刻印象的人。同样，在面试过程中，那些阐述清晰、对未来方向更有把握的人会脱颖而出。这些人通常是充满自信、口齿伶俐的人。有些人尽管思维十分深刻，但口才不那么好，或者准备不太充分，常不太有很好的结果。还有一些人过于专注于自己的研究细节，而忘记了大多数专家组成员代表着好奇的大众，因此被认为太抠细节，缺乏创造新科学所需的宏大视野。媒体的反馈在这里起着更大的作用，赋予时髦领域的科学家更多的机会向大众传达吸引眼球的愿景。面试的方式可能在性别均衡方面起着重要的作用，我们将在最后一章讨论这个问题。不过，我个人认为目前的这种遴选过程不能保证科学家的多样性。

虽然专家组成员对这项工作十分认真，但他们对自己的决定并不承担任何风险和责任。经费来自政府、学术团体、研究机构或慈善机构（这部分是人们在过去为了未来而进行的慈善捐赠）。专家组的目的是选出最有潜力对未来科学事业做出极大贡献的人，尽可能明智地进行投资。经费提供方想让经费流向最好的人，他们很少进行评估，因为他们的预言是能够自我实现的，他们的投资本身就能够将科学家推向职业阶梯的更高处。因此，我们得到的结果就是，由一组尽可能多样化的科学家来挑选出一组新的科学家，并希望这些年轻科学家也同样多样化，并具备开创全新科学突破的巨大潜力。但是，我们必须谨记，专家组成员并不需要为这些后果负责，他们与他们从众多候选者中亲手挑选出来的这些“门徒”之间并不会有密切的互动。最令我担忧的是，如果选出来的科学家的研究风格都十分激进专横，或者聚焦的主题十分狭窄，或者盲目推崇某些思想，那么，这样的风格就会被传递到未来的科学根基之中。许多基于合作的研究最终会从科学生态系统中消失，限制科学的发展。

一份自带斧头的工作

在有些国家，学术界有一种被称为“终身轨”的系统。从本质上来说，博士后在某个院系赢得了一个可能变成永久制的职位，但这个决定要等到五年之后才会做出。如果五年后他们没能取得一定的进展，比如发表了影响力大的论文或获得了高额研究经费，他们可能会被解雇。在德国，科学家如果不能成为教授，那就只好另谋高就。在美国，2006 年之前，在物理学领域获得终身制学术研究职位的科学家数量停滞了十年之久，而与此同时，学术界非终身制科学家的数量增长了 18%。同一时期，在生命科学领域，终身制科学家增长了 11%，而非终身制科学家增长了 25%。非终身制科学家数量的增长一方面反映出一个现象，那就是获得“终身轨”职位，但最终没有获得正式职位的科学家数量在增加，而这些科学家获得的赞誉、关注和经费也在增长。这加剧了科学生态系统中的竞争，进一步增加了在这个系统中生存的压力。

正式研究员

对正式学术职位的竞争与对博士后研究员的竞争并没什么两样——级别虽然有所提升，但方法还是老一套。最大的不同是，进行挑选的人主要来自该高校的同一个院系，并且，由于挑选出来的人会与他们长期共事，因此，决定的后果会对他们自己产生影响。这一次，他们面临着真正的风险，因为在高校中，招人和解雇人都极端困难。因此，专家组成员考察的技能比他们考察博士后研究员时考虑的技能更广。比如说，他们会考虑，这个人是否能教好本科生？他们能不能吸引更多研究经费？他们能不能对学院的行政运转提供帮助？

但是，最重要的问题依然是："这个人是不是一名优秀的研究型科学家？"产业界招聘科学家也要考虑同样的问题。那么，对于这个问题，专家组如何进行评估呢？候选人的论文的影响力是一个很重要的因素。从被引用数量可以看出该候选人对科学进步所做出的个人贡献。然而，如果他们只有一篇高影响力论文，那这可能是出于运气，也可能是因为他们曾在某个人数众多的大团队工作，而那篇论文是团队努力的结果；当然，还可能是他们自己潜心钻研、奋发图强的结果。如果候选人拥有许多篇具有高影响力的论文，跨越多个领域，那么，这可能是一个极好的信号，让专家组开始相信，这个人能够在凌乱的科学前沿杀出一条路，也能够选出体量合适、具备前景的问题来研究。于是，那些已经在系统中做出一定成就的人往往会受到青睐，他们会一如既往地披荆斩棘、发表论文并培育年轻科学家。这是否能（哪怕只是偶尔）产生新颖的、具备高影响力、令我们这些科学投资人满意的科研成果呢？

高校如何决定是否聘用一名学术研究者？

在高校中，任何一个院系获得招聘新人的许可，都会欢呼雀跃。某个院系的教职工越多，分配到每个人头上的任务就越少，并且，院系得到的资源通常也更多。院系的规模越大，在高校内的分量和权力也越大，吸引的资源也更多。根据自由度的不同，院系成了高校的生态系统中不断进化的怪兽。独自处理问题的院系通常充满青春的朝气。它们面临的唯一限制是金钱资源和空间。成功的院系能吸引更多经费，获得更多空间，这样，就能从成功中孕育出更多成功。

招聘新学术研究者的理由一般有两种，要么是为了取代旧人，要么是为了扩张规模。大多数“取代旧人”式的招聘发生在老科学家退休之时。退休年龄的推迟极大影响了“取代”式招聘，降低了新职位开放的速度（员工经费同等的条件下）。即使是效率低下、表现差强人意的科学家也很少被迫从终身职位上退下来，因此院系较少有机会终止某个研究团队，组成全新的团队，从而涉入新的研究领域。因此，虽然院系具有一定的自主性，但是他们没法像企业那样灵活变通。对院系来说，要想脱胎换骨，往往需要花费几十年的时间。

学术科研之演化

高校如何选择科研领域？

在时髦的研究领域里组建新团队，比在其他领域更容易为高校带来经费、名誉和认可度，并提升学生的质量和数量。在某些国家的学术生态系统中，高校就像是独立的猛兽，可以在任何研究领域内自由地招聘他们想要的任何人才。在另一些国家，高校则必须得到政府的许可。一般来说，高校允许院系自己决定研究领域，但是，在招聘新学术研究者这件事上，高校却想要保证院系做出的选择是正确的。在高校中，对院系招聘决策进行监管的是一些功成名就的老科学家，但他们也受到媒体和科研同行共识的影响。因此，不同的高校会同时建立多个科研团队来探索同一个领域。这使得该领域内的竞争白热化，人人都想成为影响力和曝光度最高的科学家，在这些领域内，出类拔萃的科学家数量往往较少，因此，如果你能有幸进入“正确”的领域，就更容易脱颖而出，也就更容易得到终身职位。

如今，高校十分重视国际品牌的建设，以及它们在人们心中的看法。这对高校的决策层影响巨大。各个国家都想创建排名靠前的大型学术机构，从而在国际事务中占据重要地位，一部分原因是受到了大学国际排名的影响。这样，科研型的高校越来越重视地位和经费，扭曲了高校在社会中的传统角色（比如，德国高校的培训角色被“精英大学计划”破坏了）。资源越来越集中在少数大型高校中，使得其他具有不同科研文化的科研机构所获得的资源逐渐枯竭，降低了多样性。从积极的方面看，高校的科研预算越来越高，灵活性也越来越高，从而为那些不同寻常或较为模糊的领域创造了获得资源的机会。这种生态系统运转的方式取决于谁在做决策，以及他们面临着何种压力。

赋予院系权力，让他们自行决定招聘什么领域的科学家，而忽略国家需要、长期潜力或合作，这种方式是否有效呢？在目前的系统中，每当一个新领域变得时髦起来，通常在几年内会在一个国家内冒出大约十个研究团队。然后，这些团队的学术研究者会同时申请研究经费。申请得越早，就越有先发制人的优势。只要它们满足科学界对新领域的渴求，就能从竞争中脱颖而出，赢得经费。过一段时间，等到同领域的申请纷至沓来之时，即使这些后来者可能更好更强，也无济于事，因为科学家社群可能已经开始对大同小异的申请感到厌倦。第一个进攻某领域的科学家并不一定是最厉害的科学家。当科学经费是一种宝贵的资源时，这就成了一个大问题：如果一名科学家无法申请到经费，即使他再优秀，也无法开展研究，追不上快速行进的科学“花车”，就容易被时代抛在后面。目前，英式资本主义国家通常认为这种激烈而尖锐的竞争比其他系统更有效。

在其他国家，主要是由国家机构来决定每个领域雇用多少科学家，然后将招聘的任务交给每所高校或科研机构来执行。在德国，由马克斯·普朗克学会来讨论在哪些领域建立新机构，以及将它们放在何处。在其他地方（比如中国台湾地区），主要由科研部门来决定哪些领域需要招聘科学家。这些讨论是由地位显赫的老科学家进行的，他们同样受到我之前讨论过的“媒体反馈”的影响。化学或生物材料的某个领域是否比其他领域更加紧迫，取决于你对该领域的长期基础认识，以及它对国家的短期利益或与目前产业需求之间的联系。全球科学的“健康状况”取决于这些决定的多样性。然而，政府机构做此类决策时，越来越关注竞争者都在做什么，并倾向于模仿他人时髦的做法。这导致一个现象：无论我到哪个国家，都会发现，这个国家的政府公布的一系列优先发展的科研领域都是完全相同的，每个国家都想争当世界第一。每个专家委员会都不敢对抗时下的趋势，也不敢忽略竞争者争相吹嘘的领域。因此，这类国际交流十分强调一致性。放眼看去，全世界所有国家在展望科研未来方面都越来越相似。

科学家如何选择做什么科研？

当科学家获得永久职位之后，他们的兴趣会如何演变呢？在面试的时候，他们必须向院系或公司领导层阐明他们想要做什么研究。但实际上，在大多数情况下，他们拥有很高的自由度来决定自己想要做什么。对探索者而言，在他们寻求答案的旅途中，一堵难以穿透的“科研之墙”挡住了他们的去路。因此，一些较为容易的问题似乎对他们具有更强的吸引力。比如说，许多人都试图理解什么是“意识”，那么，该从何处着手呢？有时候，他们面临的“科研之墙”是做科研不可避免的，比如工具或数据不够先进。有时候，这些墙是由于经费的限制，比如大型粒子物理学实验目前所面临的经费问题。构造者也面临类似的限制。当他们所选择的工具无法继续产生令人眼前一亮的新颖结果，而只能吐出越发复杂的细节时，他们必须做出选择，是在旧工具中加入新元素，还是另起炉灶，追求新的愿景。

在大多数情况下，他们能做什么，取决于他们手握的资源允许他们做些什么。这通常指的是设备、运营和研究者所需的经费。有时候，科学家越来越难获得经费来做自己擅长之事，使得他们想要做出一些改变。科研经费的生态系统总是渴求新颖的结果，这种欲望亟须得到满足。一个研究者可能会提出好几个不同的研究申请，它们都与该科学家过去的研究相关联，这样，他就可以辩称这些提案的风险很低。无论哪一个获得经费，都会成为他未来的工作。这种达尔文式的进化取决于科学家对科研环境的适应程度，这使得他们得以在各种可能性组成的“平原”上缓慢移动。一些科学家的整个职业生涯都围绕着同一个地方打转，为某个学科夯实基础。他们占据和保持着一个“生态位”，不大不小，规模正好，不会小到灭绝，也没有大到吸引来垂涎的捕食者。对那些容易厌烦的人，探索未知的诱惑将他们引诱到遥远神秘的地方。他们希望自己能在意想不到、无人踏足的地方发现深埋的宝藏。随着我们的工具日渐改进，我们探索科学的方式也在改变。过去人迹罕至的悬崖绝壁，如今我们能轻易攀登；曾经无人涉足的河流，如今我们能够泛舟逆流而上，发现科学的处女地。

大科学的政治

一些科学家对未来拥有宏大的愿景，并以此来指导自己的工作。这些人大多数属于化简者，他们口中的目标可以保持多年不变。在这种情况下，一个可行的策略是在科研的世界中修建一座坚固的堡垒，长时间屹立不倒，可以积累资源、开拓疆土，吸引更多经费以成长得更大。这些科学家必须成为热心的游说者，吸引所有人来关注他们的目标。由于大科学项目的成本相当于许多小项目的总和，这些团队有强烈的动机不去触碰传统的经费途径。相比之下，他们必须花很多资源去向公众宣传他们的愿景，像政客一样去扩大影响力。

这种性质的决策显然具有很强的政治性。在科学生态系统中，一个很大的问题是如何在大规模、花重金的宏伟目标与许多高度多样化的小型研究项目之间找到一个平衡点。在许多国家，对这种昂贵的堡垒式项目（比如宇宙学、粒子物理学、治愈癌症或神经科学）最常见的解决方法是让这些决定变得政治化，将这些领域的经费与其他领域分开，在税基资源中划出一块“蛋糕”来单独考虑。这种方法将科学界划分成了两部分。双方科学家都勉强接受了对方的特权，但同时（考虑到政治的因素），他们都声称自己的领域理应获得更多的关注。通常，他们会声称，由于其他某个大国如今正在他们的领域中花费大量资源展开研究，因此，我们国家也必须这么做，如若不然，我们就会落后。这种论证对研究者个人来说可能说得通，但在国家层面上，却算不上一个有效的论据。想一想，如果竞争对手国家选择在某个领域投入大量资源，那我们选择一个不同的领域岂不是更好？为什么现在要着急开展这项研究？为什么不等十年后再说？选择不在某个领域扩张，意味着我们可以在其他方面保持和提升我们的水平。选择在什么方面进行投入的一个挑战是，许多研究从表面上看都很容易讲清楚，但它们实际所需的经费却千差万别。并且，没有什么方法可以评估，如果选择某个大科学项目，而忽略其他提案，会对社会带来什么利益，而反方也能列出一大堆理由。投资任何项目都可能产生衍生项目。但真正的问题是，将同等金额的经费投给另一个科研项目，会带来怎样不同的结果？我相信，每个人都应当理解科学生态系统是如何运转的，这样，我们才能帮助我们的社会更有效地支持科学事业。

科学“花车”

然而，经费充足的构造者通常需求较少，他们能够随时重新分配已有的资源跳进新领域。从某种意义上说，这些科学家拥有最高的自由度，他们最像维多利亚时期风度翩翩的精英科学家——他们自己为自己的研究提供经费。这样的科学家能随心所欲地转向任何方向。研究经费很少限制他们最终必须做出什么成果（做科研的关键就在于你不可能提前知道结果）。只要研究结果的影响力很大，发表评论的科学家绝不会大声抱怨。近几十年，科技的迅速发展助了他们一臂之力，让他们能随时跳进其他遥远的领域。在过去，研究团队常处心积虑地占据和保护他们的研究“高地”不受外来者侵犯。他们亲手建造和调试复杂的设备，多年里不断积累数不清的技巧，在此基础之上构建起一座“堡垒”。但如今，这不再是一种直接可行的策略。如今，大多数设备都可以在市场上买到，因为很多年轻科学家从学术象牙塔中“出走”之后，用他们建造实验设备的能力开启了创业之旅，建立公司来生产和销售这些设备。你还可以高薪聘请年轻科学家来帮助你建造设备，因为他们既有知识，又有经验。如今，这种知识分享过程被体制化了，许多大型科研机构都参与其中（比如在欧盟），鼓励团队之间的成员流动，分享知识。

在科研“处女地”的盛宴上，如今迎来了构造式科学家的大量涌入。然而，他们必须快速产生新成果，因此，竞争十分激烈。来自遥远领域的科学家空降于此，带来了许多不一样的研究方法、研究工具和科研流程，从而给这些新领域带来了不一样的色彩。所有这些因素，在时髦领域中创造出了科研项目的大爆炸，以及对新成果的渴求。这样，科学“花车”应运而生。不过，“花车”这个词可能给人一种错误的印象，认为他们是在沙漠中艰难行进。相反，这种“花车”行进在茂盛的热带雨林之中，隐藏在巨大的树丛之中。从外面看，只能看到摇曳的树叶，无法清楚地窥见内部的情景，从内部往外看，也同样如此。

远离熟知的地方是令人惶恐的。同样，跳到一个全新的领域是充满风险的举动。谁晓得你新加入的这个社群会不会排斥你，将你视为入侵者？他们会不会给予你所需要的培育与鼓励？会不会所有鲜嫩的果实都已被采摘，只留给你干枯的树枝？你加入的这个群体在未来会壮大还是凋谢？在各种科学思想的组合中，只有少数能带来超出意料的结果。离开一个秩序井然的社群、加入一个对任何人开放的新社群，可能是令人望而却步的——我曾经干过五六次，每次的体验都不一样。在“花车”领域，科研质量参差不齐，人们不那么愿意倾听，而更喜欢宣扬和吹嘘自己的成就。在这些领域，有许多大同小异的科研项目在同时进行，人们为了能抢先发表，往往会忽视科学的准确性。但从另一个方面看，科学发现的速度加快了。在普通的领域，通常很少有人去验证某项科研成果的准确性（因为这需要花费宝贵的经费，而且，成为验证某项成果的“第二人”并没有什么值得骄傲的地方，也无法产生较大的影响力），但在“花车”领域，人们却总想去验证别人的成果是否正确。这样，科研成果迅速编织成一张稠密的蛛网，并很快被填得满满当当。处在这种情况下的年轻科学家总是担心有人比他们抢先发表成果。科研项目负责人别无选择，只好总是敦促团队成员更加辛苦地工作。这对科学是有益的，却令科学家的生活十分焦虑。

在目前的科学生态系统中，“花车”是不可阻挡的，因为它强调竞争，并且十分灵活。“花车”的出现需要一些条件，比如偶然出现的新成果对整个社区产生了刺激的作用，或者某个原本高产的领域闹起了“饥荒”。有时候，一群构造者科学家从某个成熟领域集体“跳槽”，带走了整个社群。这种跳跃式的演化在科学生态系统中变得越来越重要，越来越多的科学家以越来越快的速度在新领域中共同努力，他们也越来越依赖新颖的成果来提升影响力，获得经费。

科学家的演化

对我而言，在我的科学职业生涯的早期，有一件事常令我惊讶，那就是：我有幸共事的那些功成名就的科学家对科学充满了发自内心的热爱，丝毫不炫耀。这些科学家从文化上说通常来自中欧和东欧。他们对学习和教书的热爱让他们坚持下去。他们为新思想感到欣喜，愿意按照自己的步伐来安排科研，并愿意花时间鼓励周围的科学家。相比之下，今天那些被认为大有前途的学术研究者在各自的时髦领域内被视为明星，他们旗下有诸多方向不一的科研项目，获得了大笔研究经费，管理着大规模的团队。因此，他们需要参加各种国际会议，在那里花上很多时间。其余时间，他们会用来招聘新学生和新博士后，让他们有机会得到研究员职位，支持他们的未来职业，推动研究项目快速前进，并将研究成果转化为论文，发表在影响力尽可能高的期刊上。他们没有多少时间来酝酿新思想和指导院系里或领域内的年轻科学家，他们身上散发出来的冷静与自信也较少。

当我们谈论生态系统时，会谈论它的健康状况；当我们谈论一个经济体时，会提到它的实力。后者通常用GDP来衡量。但有趣的是，近年来人们开始使用衡量“幸福”的指标来评价不同的社会，这种举措提升了自然环境生态系统服务的分量。但是，极少有人用幸福来衡量科学生态系统的健康状况。不过，丹麦和瑞士的一则报道表明，科学家群体的满意程度通常与本国整体幸福指标相关（只有法国和印度的科学家似乎比本国其他人群更加幸福）。幸福程度与人均绝对收入紧密相关，因此，我们或许会认为，科学家的幸福程度与每个科学家的科研收入有关。但正如我们看到的那样，每个国家的情况都不一样（如图7–3所示），有的上升（比如美国、韩国和中国），有的下降（比如加拿大和英国）。这些改变似乎反映出在过去50年中，各个国家的科学家所经历的不同生活体验及其幸福程度。但是，是不是科学家越幸福，他们的科研成果就越优秀呢？我们并不知道答案。

科学家到底在做什么？

与幸福相关的一个问题是，科学家每天都在做些什么，体验着怎样的生活呢？从我的观点看，年轻科学家通常都很快乐。我指的是那些博士生或博士后，因为他们几乎每天都沉浸在科学中，建造新东西，试图解开谜题，在理念的世界中角力。但是，他们也不得不权衡未来的不确定性。近年来，较为年长的科学家（比如我）每天都在撰写项目申请书，写电子邮件，写推荐信，撰写或编辑科研论文或科研报告，与编辑、审稿人和经理们写信争论，向全世界展示他们的思想，平衡个人的财政状况，与行政管理人员斗争；与此同时，他们在自己的科研团队中愉快地讨论和争辩，并偶尔亲自下“厨”做做实验。当然，后者才是真正的科学，也是学术界最初选择他们的理由。然而，科学生态系统却要求他们将更多注意力集中在前者，为了在这个错综复杂、令人头疼的生态系统中生存而展开激烈竞争。要想成为一名成功的科学家，就必须尽量积极地进行实践、产生新思想和与人辩论。这非常困难，因为科学生态系统在用其他标准来评价一个科学家是否成功。

科学家的出现

科学生态系统巩固了这种科学家的演化过程。我们可以看到，想要在这个空间内做出改变会面临多大的争议。激烈的竞争让年轻科学家得到了彬彬有礼的待遇。同时受到青睐的还有那些拥有创业精神、富有魅力、善于表达、专心致志、充满激情的科学家，这一点同其他任何职业都一样。但是，这个现象或许并不符合“科学进步的基础是科学思想”的观点。这个观点显然在很多地方都是不成立的。目前，我已经指出了两个过分“政治化”的领域，在这两个领域，“科学进步基于科学思想”这个观点极度不适应。第一个领域是大型化简式科学，因为人们通常不会将它们的成本收益同其他项目进行比较；第二个领域是“花车”型的构造式科学，这类科学吸引了许多资源，但效益平平。

为了结束这场关于科学的讨论，我认为，用自然生态系统来做比喻十分有益。科研经费就好像阳光，人则像滋养万物的雨露，组成了科学生态系统的水循环。他们在社会的“云朵”中获得了思想的“种子”，将他们对科学的兴趣“凝结”成雨滴，落入各个科学学科的江河湖海之中。科学知识从高坡之上的水源汩汩流下，经由科学教育的水渠，流入科学家的脑中，构建起知识体系。蓄水池汇聚了人们的专业技能以及科学洞察，再将水流“虹吸”而上，驱动涡轮，推动我们的工业和农业进步，滋养整个社会。所有这一切，都需要钱。在这里，钱就好像阳光一样，是驱动整个循环的能量源泉。在最后，我们再在知识的海洋中进行精炼，提取出最能为社会注入兴趣和动力的一部分知识，然后，再次开启整个“科学之雨”的循环。

此时此刻，我已经完成了对科学生态系统的探索，但依然缺乏一个方法来向你展示这些矛盾是如何同时存在的，也无法在整体上感受它们的严峻程度。在剩下的章节里，我将解决这个问题，并追问一个问题：关于未来，我们能从中学到什么？

第 9 章

科学的未来

在这本书中，我试着向你展示科学生态系统各个部分之间的相互作用，以及今天这个错综复杂的网络如何从这个生态系统中诞生。在不同学科、不同国家、不同社会中，这个网络千差万别，但是，它们却在科学世界中逐渐殊途同归。我认为，目前为止我所描述的一切对所有科学家来说都是显而易见的，但是，在这一章，我将试着扩展一些更难的问题：我们对未来有何期望，以及我们想要什么？

科学状态是否良好？

大多数科学家对科学的未来都很乐观。年轻科学家成群结队地响应着科学的诱惑，因为它激动人心，也因为它十分有用。作为公众的一员，我们对科学充满热情和希望，为之着迷，并愿意为之投入。纵观全球，各个国家都有许多孩童痴迷于周遭世界的问题，当他们成年后，便选择追随自己的好奇心。今天，全世界都在科学上投入了空前的经费。但是，科学家却担心自己被科学生态系统带来的巨大压力击倒。越来越多的科学家似乎对自己的生活和工作都不太满意。他们想改变，但觉得自己无法控制事态的发展。

我还想谈一谈科学生态系统的多样性。在这里，我所说的多样性指的是科研方式的多样性。目前，数量众多的科学协会、科研机构和公司、各个学科都对科研提供支持。然而，我之前讲到，竞争带来的压力横扫了整个生态系统，似乎正在降低这个系统的多样性：连接性并不是免费的馅饼。比如说，如果人们感觉某种分配科研经费的方式有所改进，那这种方式会被迅速复制，并扩散到整个生态系统。同样，新兴的“花车”科学吞噬了大量资源，因为它们吸引了更多注意力。降低壁垒固然可以促进人们对科学知识与实践的分享，但实质性的改变却十分缓慢，因为没有人去探索全新的模型（这通常需要在另一个受保护的“栖息地”里进行）。有没有什么方法可以鼓励不同科学的发展，但又不会产生浪费资源的壁垒？或许到那时候，全球化和经济增长会隐秘地加大科学的成本。

生态系统的健康状况指的是其稳健程度及其受损后复原的能力。对生态系统进行扰动，可能导致生态系统健康状况的崩溃或反弹，结果取决于系统的初始状态和扰动的“毒性”有多大。那么，科学生态系统是否足够稳健，是否具备很强的复原能力呢？正如我们看到的那样，这个系统包含着数量众多的单元，每个单元的规模、复杂度和动机都各有不同，并且，它们之间互相隔离，互相竞争。它们的竞争体现在不同的层面上，某一层面上的动态平衡往往又引发“栖息地”内其他层面上的艰苦挣扎（如图 9–1 所示）。此时此刻，我看到这些竞争不减反增。这个系统中的大多数角色所面临的竞争都在增加，每个层面上存在的竞争也越来越激烈。

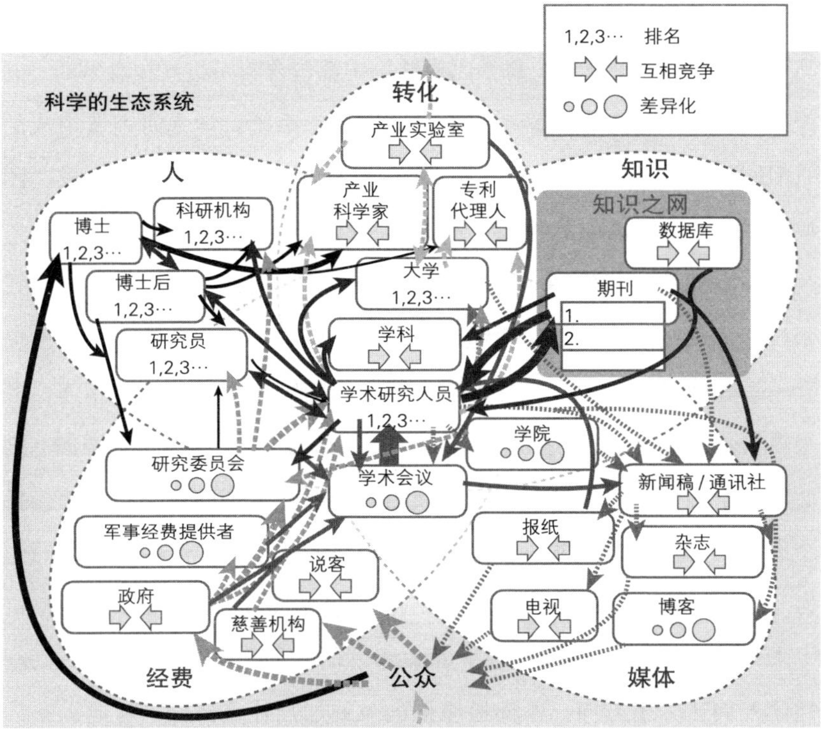

图 9-1 科学生态圈及其影响与紧张关系的主要流向

张拉整体

科学生态圈的图表向我们展示了不间断的“物质流动”及其构成的连接关系，但它更清晰地展示了一些部分由拉紧的“缆绳”紧密连接在一起、构成了团块状的结构（如图 9-2 中某种“张拉整体式结构”一般）。每个层面上的竞争（比如各个高校或各个经费提供者之间的竞争）都在整个生态系统中形成了一个不能再继续压缩的团块。就好像充气艇密封加压的船体（或肿胀的活体植物细胞）一般，形成了一个坚硬的结构，每层中的各个竞争者之间都存在着巨大的压力，构成了一个几乎不会变形的子系统。每个团块结构中都包含着一组互相竞争的“同僚”，他们之间的紧张关系完善了这个生态系统。学术研究者组成的“团块”与经费提供者组成的“团块”紧密相连，而后者又与高校“团块”紧密相连，诸如此类。

在它们的互相作用中，这个致密的网络变得越发刚强和坚硬。在张拉整体式结构中，拉紧缆绳时，整体结构不再疲软和摇晃，刚性提升——就像自行车轮子一样，它们坚固的轮辋以辐条与中心相连，各个辐条受到来自彼此的拉力。这与我想要描述的科学生态系统类似。刚性产生于两个层面上：第一个层面是各个部分内部的竞争，它使得各个部分不可再继续压缩；第二个层面则是将各个部件连接在一起的张力。随着科学生态系统的“伸筋拉骨”，各个部分的张力构造逐渐稳定下来，但如今，这个系统再一次面临激烈的竞争压力。这种涌现式的刚性让人们迷失了方向，不知道应该削减或加强什么部分，才能重新让这个系统充满灵活性和柔韧性，而这对复原力和多样性来说十分重要。如果每个人都选择对自己最有利的事，用额外的时间或额外的资源来实现更多目标，那这实际上既提升了刚性，又增加了张力。如果个人的奋斗反而让集体变得更糟，这就构成了一个被称为“公地悲剧”的局面，意思是说，满足每个人的自利需求会对集体带来负面影响。比如，每个人都砍下一棵树，最终会毁灭整片森林。在这种情况下，最行之有效的方法是全局一起行动。但在科学界，找不出一条明显的全局行动路径，并且，这个系统现在变得越来越僵化。

科学界的反馈是如此缠结和紧张，改变并不会自发地发生。科学生态系统的进化是一个共同适应的过程，只需要每个参与者都迈出一小步。激烈的竞争在每个层面上都达到了非常清晰的平衡状态，消除

图 9–2（a）

图 9–2（b）

图 9–2　张拉整体式结构将刚硬的支柱与拉紧的缆绳组合在一起（组成张拉式的整体结构）。图 9–2（a）为云霄塔，图 9–2（b）为现代式的桥梁。云霄塔修建于 1951 年的不列颠节，由菲利克斯·萨缪里设计

了变革的动机，向新方向哪怕迈出小小一步，都十分困难。在科学界，每一代新科学家都出生在同一个网络上，根本没有机会提高多样性。新兴的信息技术能否为科学生态系统打开新的机遇，而不仅是加剧紧张的局面？答案并不清楚。不过，已经出现了一些早期尝试。

谁吃谁？

在稳定的自然生态系统中，捕食者和猎物之间形成了一种金字塔结构。潜行的豺狼会从羚羊群中驱赶出年幼和体弱的个体。鱼群遭到捕食的鲨鱼追赶时，会惊慌失措地四散而逃。蚁狮耐心地等待粗心的蚂蚁。那么，在科学生态系统中，这种关系体现在何处呢？用这种单枪匹马的斗争来比喻科学生态系统是否恰当呢？

每当有人获得一笔经费，每当一篇重要的科研论文发表，每一次明星般的宣传，每一个高科技产品的问世，都同时存在着许多失败者：没能第一个发表某项成果的研究团队、想打入学术界却没能获得永久职位的年轻科学家、由于过于晦涩而没能发表的论文、没能打入市场的新发明……竞争者们经常狭路相逢，但输家却很少被赢家“吃掉”。相反，就像在角色扮演游戏中一样，失败者会丢失一些分数，他们对环境的适应能力也随之下降。这是一种消耗战，而不是生死搏斗，很像稳定的生物群落中发生的持久战。

科学生态系统中的竞争主要来自个体之间的斗争。“鹰派”和“鸽派”各自有什么优势呢？科学之海中的鲨鱼呢？哪种或哪些行为伦理原则对科学有益？想一想两种科学家；一种是鹰派科学家，他们进取好斗、高傲自大，发表了高影响力论文；另一种是鸽派科学家，他们在排名较低的期刊上发表与竞争者的成果类似的论文。科学界的稳定性是否取决于鹰派与鸽派的比例？在简单的博弈论模型中，如果鹰派过多，他们就会互相争斗，由于缺乏足够的鸽派来帮助他们，导致事倍功半。但如果鸽派过多，只要出现一只老鹰，它便会展开“杀戮狂欢”，迅速繁殖。稳定的平衡状况应当保持少量鹰派，让他们能互相影响、互相作用、此消彼长，达到合适的平衡。如果每个科学家都过分夸大自己的研究，整个系统就会变得十分低效，蒙蔽人们的双眼，让我们无法看到真正重要的东西。如果鸽派过少，科研速度会降低，渐进式进步就会变少，而鹰派必须依赖于这些渐进式进步，才能做出突破性的进展。这个博弈情形虽然简单，但其中的行为却涉及许多我在科学界司空见惯的核心动机。

在产业界实验室或高校院系内，同样也可以看到这种争夺领导地位的博弈。如果鹰派的数量过多，由于他们只考虑自己的利益，就会加大院系运转的难度（许多院系领导都有这种苦衷）。如果鸽派的数量过多，鹰派就会毫无限制地发展，给整个集体带来破坏。我们社会中的许多规则和社会习俗都想要阻止这种不受约束的“爆炸”式发展，试图逼走那些不按规范行事的人。但是，这种“不按规范行事”能够让他们在国际科学界中获得名誉，这种奖赏大过遵守本地的“乡村礼仪”所带来的奖赏，这导致许多科研团队出现“功能失调”。奖赏越大，它就越能让人们抛弃同团队的同事。

所有这些例子都表明，过分强调科学生态系统中的竞争性会令整个系统失去平衡。新的平衡可能并不是我们想要的状态，这浪费了资源，同时放大了人们争吵的音量，却没能带给我们任何回报。

谁来制定成功的标准?

我在本书中讲述了我关于科学生态系统的许多个人观点，但是，如果没有更多统计学证据，你还应该听取谁的意见呢?我们并不知道谁值得信任。人性中社会的一面令我们想要倾听个人化的故事。我们不仅想要了解科学知识，还想要了解每个发现背后的科学家。在科学知识中加入插曲逸事和传奇典故，会在人们心中留下更深刻的印象。它们也向人们展示，科学的发展过程并不是连续和线性的，而更像是机缘巧合，或者宿命般的随想曲。我在许多章节中都已谈到，为了更高效地传播科学知识，科研团队必须编出许多故事来告诉人们这些科学秘密是如何被发现的。成功的科学家必须擅长两件事，一是编故事，二是有远见。那么，如果我们想要了解不偏不倚的观点，应该找谁呢?

在业内名声显赫的科学家显然必须擅长科研，在黑暗中横冲直撞并不能发现珍宝。明星科学家自然而然地会尊重那个对他们赞誉有加的社群，因为正是那个社群向人们强调了他们的工作的确十分重要。由于批评是科学中司空见惯的东西（虽然大都出自善意），因此，所有科学家都将赞赏视为对同行的极大尊敬，因为这代表着他们过去的荣耀如今受到了权威的赏识。过去成就的价值就像一面棱镜，透过这面棱镜，科学家们很容易得出一个结论：比起过去，当今的科研成果并没有那么重要。

一个真正重要的科学成果需要花时间才能变得清晰。我自己除非正巧开启了一个“花车”领域，才能以一己之力扭转大量科学家的研究方向。除此之外，我不能肯定今天的新科学成果对十年后意味着什么。大多数社会上功成名就的科学家如今都已到职业生涯的晚期，你可以去看看任何一所著名学术机构（比如英国皇家学会和美国国家科学院）中科学家的年龄分布。如果我们咨询的科学家都比较年长，那他们都已到了职业生涯的后半段，都会开始回顾过去。相比之下，如果我们选择年轻科学家来聊一聊，那么，我们可能面临着采集代表性样本的问题，因为他们的观点可能千差万别。年轻人通常更加乐观，但他们通常也更容易意识到这个系统中的矛盾。这种信息采集工作可能具备很高的价值，但是，由于观点太多，我们可能会很难在其中做出选择，或者清楚地揭示其中的科学趋势。总的来说，这项工作尚无人完成。

于是，年长科学家自然而然地会愿意回顾过去，尤其是那些他们目睹重要科学进步（当然也包括他们自己的科学成就）发生的年代。他们会质问：“那些推翻已有理论的新突破都在哪里呢？”或者“那些超前的惊人成就都在哪里呢？”

突破的步伐

我们已经看到，目前正在进行的科研项目数量与 20 世纪中期相比，翻了好几番。当我们质疑“为什么没有出现更多能够推翻既有知识的新突破”时，我们不自觉地假设科研突破理应以某种“速率”进行。我们可能会认为，得到经费的科学项目越多，就能产生越多突破。但是，这方面缺乏足够的证据。

每个“花车”都有自己的故事。比如说，高温超导体的发现。这种材料处在某个临界温度（接近液氮的零下 200℃）时，电阻会陡然降至接近 0。这在 20 世纪 80 年代引发了一场大规模的研究。人们想提高它们的临界温度，最好能提升到室温水平。如果这成为现实，我们不仅能开发出悬浮列车这种新技术，还能发现更多迷人的新科学知识。由于超导效应直接产生于量子力学，这些发现可能让所有人都能从量子现象中获利。令人惊讶的是，一直到 30 年后，我们依然不知道这些材料的工作原理。但由于我们投入了大量精力，进行了大量科研，我们如今拥有许许多多不同的理论，来解释这些材料可能的工作原理。但这些材料极其复杂，这是一个从构造式科学中孕育出新系统，并从新系统中发现新物理领域的典型例子。（面对构造式科学，我们常常感到迷惑的一个问题是，我们应该用“发现”还是“创造”？因为这种材料在大自然中并不存在。）这些投资鼓励了数量众多的科学家来研究这种特殊而复杂的材料，用电现象将精细而有序的材料层与磁场结合起来。对这座超导“花车”进行投资并没有产生具有明显革新性的结果，却持续不断地为我们带来新思想，并逐渐开启了许多能够带来经济效益的新方向。这些新概念并非来源于一小撮高瞻远瞩的科学家，而是来自一大群经受长期挣扎、艰苦奋斗的科学家。在我看来，几乎所有“花车”科学都拥有这个特征：在早期浪费了许多资源，不顾一切只想提高速度。

为什么科学应该不断地自我重建，并在这个过程中摧毁它的整个结构？这是一个少有人追问的问题。当我们在艺术界找到新方向，比如录像装置或涂鸦绘画的革新式发展，这种新方向并不会摧毁过去的成就。相反，新艺术和旧艺术会结合起来，相互对话，创造出有趣的问题和共鸣。然而，在科学界，我们却紧紧抓住一个概念不放，那就是托马斯·库恩所说的“范式转换”。它说的是，要实现进步，就必须摧毁过去的成就，因为过去人们对世界的解释比不上现在的解释（显然，新的艺术风潮也很想拥有这种力量）。人们发现，基本科学想要进步，就必须推翻过去的知识。于是，不幸的是，科学家要想证明他们的成果具有新颖性和影响力，就必须向人们展示他们的成果能够推翻过去的科学知识，重建新的范式。但实际上，事实通常并非如此。

第二个特点是，公众购买的新潮玩意儿越来越多，这让大众以为，科学进步的速度理应更快。这种观点并未考虑基础科技创新是否也应当加速。一篇论文说，由于科技进步很大程度上是一种“进化”的过程，因此，越来越好的路径总会不断地涌现出来。我们不由自主地同意这种观点，乃是因为我们总是想购买最新的玩意儿。然而，如果我们看一看那些迄今为止影响力最大的技术，它们的科学原理最初都是在一百多年前发现的。同样，科学的进步似乎也总是不紧不慢，拥有自己的节奏，不受金钱的驱使。它更像一个钟摆——钟摆摇摆的速度并不取决于它的质量，因为万有引力对它的作用被它的惯性抵消了。

为什么我们不能加快，也无法降低科学创新的速度呢？美国创造出了一种强调发明与科学的文化，它也总是因此自豪。从许多标准来看，美国确实是成功的，它也的确在科学界产生了很大的全球影响力。为什么某些社会比其他社会具备更高的创新力呢？这是二者之间唯一明显的区别吗？在创新方面，占据各种排名首位的似乎总是那几个国家（美国和英国）。对此，有人解释为文化和历史，也有人认为是因为精英机构的存在，或者竞争的气氛、英语语言、对合作的鼓励，或者研究者的流动性。

科学进步的速度很难被改变，还有一个原因是科学深深地“埋”在文化和科学生态系统的土壤中。许多重要的发现都依赖于将不同领域的新技术和新科学像炼金一样组合在一起，将它们引入过去浅尝辄止的新领域。这种进步需要时间。如果在某一个学科中出现了某种奇迹般的进展，想要运用这个进展去帮助其他学科进步，通常需要至少十年时间，才能开发出新技术和新思想。科研工作的周转需要建立社群，发表论文，组织会议，用研究员职位和正式职位来聘用科学家，以促进他们的职业发展。科学家成长的自然周期是影响科学进展时间表的另一个因素。近期的研究表明，我们没法系统地预测不同国家在科学方面的表现，但社交网络的影响十分明显。

修改指标？

随着我们将经济收获越来越多地投入到科学当中，如何评估其结果就变得越来越重要。科学生态系统的能量来源是金钱，我们也越来越多地使用经济价值来直接评估科学生态系统的健康状况。但如果我们用这种方法来评估自然资源，可能很多人都会心有疑虑（不过今天，人们的确用金钱来衡量自然资源）。人们越来越多地将科学同经济学中的竞争市场进行比较，同时，科学与产业创新越来越多地纠缠在一起，这鼓励人们用钱作为指标来评价科学，并将其对社会的影响“兑换”成货币。不过，这中间的“汇率”是多少，虽未明说，却完全取决于评判者自己的看法。这种方式有助于组织和分配资源，却无助于科学生态系统的服务，也无助于科学的公共利益。简单地用钱来作为衡量所有科学的指标，这种方法变得越来越扭曲。我们需要一种新的评价方法，来保持科学的多样性。

人之胜利

我们衡量科学的时候，一直聚焦在新思想和新成果上，这些科学成果对社会具有影响力。但这种方式忽视了科学家对社会的影响力。一名拥有独特世界观的优秀科学家可以对社会产生巨大的影响，大过他们发表的论文。在理查德·费曼的年代，他用极富魅力的方法向人们展示了科学生活的精髓。我们必须对科学家的职业生涯进行评估，来看看哪些科学家对社会产生了有益的回报。今天的科学家是我们想要的样子吗？毫无疑问，科学家的人生并不容易，他们必须与所有人互相竞争，争夺名誉和经费。这种人生充满了自我怀疑，也不乏自我改善，但更重要的是，这也是一种自我反思的人生。科学界是一个阶级式的社会，按成就大小论资排辈，这使得许多想要成为科学家的人不得不另辟蹊径，但这个阶级社会也不断有新鲜血液注入，让这个系统永葆青春。我担心，科学家的来源是否能始终保持多样化，能不能像过去一样，依然可以来自专利审查员（比如爱因斯坦）、电话公司（比如特斯拉和爱迪生）、工厂车间、工程现场或者寝室里（比如亚历山大·贝尔）？答案似乎取决于领域：IT 领域的人四处开花，但生物学家却只能产生于流水线式的实验室中。正如我在前面的章节中提到的那样，如果我们培育科学家的方式只能让他们越来越同质化，而无法让他们变得更好，那么，科学教育的多样性便不可避免地降低了。

不可同日而语

要预知哪些科学家在未来可能实现突破性进展变得越来越难了，人们似乎都在寻找天才，但却无法达成共识。如今，在同一个领域中互相竞争的人实在太多了，可以在很长时间内不断产生新思想。一些科学家在回顾过去时，面对这种改变喟叹道：现在哪里有机会出人头地？但他们从未亲身体验过那早期的孤立、渴求资源的挣扎、缺乏职业发展机会的痛苦。在过去，竞争当然也存在，因为哪怕只存在一个竞争者，他们也能一眼看到伟大思想的潜力。

今天的我们更像是“蜂巢思维”。通常情况下，在世界的不同地方或者科学生态系统的不同部分，人们往往能同时取得同样的科学进展，这十分类似于“趋同进化”。趋同进化指的是，完全不同的物种可能通过完全不同的进化路径产生十分相似的有用特征。但是，与自然界的“趋同进化”不同的是，如今我们的通信与传播是全球化的。并且，即便知识并不会从一个科学家的脑子里直接跳进另一个科学家的脑子里，但他们的脑中会同时产生相似的思想。换句话说，关于科学的观点，科学家们基本上能够达成共识，比如说什么科学话题是重要或敏感的。但是，这种“共识”很像时尚，取决于该群体中的人数多少。如果许多科学家都决定进军某个领域，那这个领域一定十分有趣（但我并不同意这句话）。

另一个影响来自化简式科学的进展。关于世界如何运转的问题正逐一得到解答，每一层问题都建立在前一层之上，因此，“大问题”的数量越来越少。今天，我们已理解了电、光、地球化学和遗传的原理。当然，我们并未完全理解这些问题，我们的理解也并非完美无缺，但我们并不像过去那样迷失在黑暗中。与一两个世纪前比起来，我们对世界的理解完全不同。我们失去了那种无知的天真状态，再也回不去了（除非人类文明崩溃，我们必须重新发现那些科学原理）。于是，那些依然遗留在“大问题”的列表上等待我们解决的问题变得越来越难。我们甚至缺乏合适的工具或语言来解决这些问题，只能像盲人摸象一样在周围绕来绕去，希望获得一点领悟。比如说，意识、宇宙学、细胞的工作原理等问题，都在这个列表上长居不下。接下来是一些比较受限的领域。但毫无疑问的是，化简式科学感兴趣的话题正在减少，但科学家的数量却在增加。目前，我不能明确地给出化简者和构造者之间的比例，但我认为，化简者增长的速度更缓慢。对化简者来说，科学变得越来越难，竞争变得越来越激烈。他们头顶萦绕着一片乌云，仿佛预示着衰败将近。

最近，《科学美国人》的撰稿人约翰·霍根（John Horgan）在他的《科学的终结》（*The End of Science*）一书中讨论了这种态度。他采访了各个领域中年长而成功的科学家，他们在谈到那些深刻的大问题及其未来时，都表达出了“衰退将近”的态度。这本书遭到了许多科学家的反对。他之所以持这种观点，是因为他将所有科学都视为化简式科学。但正如我试图向你讲述的那样，事实并非如此。或许，他想要表达的是，构成科学大厦的一砖一瓦并不会被全新的方法或概念击得粉碎，在大多数领域，科学的基础都是清晰而坚实的。

构造者也同样逃不过同僚紧张情绪的影响，尽管他们并不像我在这里描述的那样，明确地将自己区别开来。化简者在各个领域的辛勤工作，增加了更多可能性，也为新技术创造出了更多机会。永远都会有新的系统诞生。想要看看我们并没有前进多远，你可以想象一下，我们怎样才能发明出拥有全新化学机制、适应其他行星环境的植物，而那些地外行星的生物丰富多样，足以媲美地球。我们的想象力十分有限，大自然比我们的理解有趣多了，并不断向我们提供无尽的惊喜。科学永远不会枯萎。

我们何以走到今日？

在这本书里，我并未站在历史的角度谈古论今，而是想要拍下当今科学的“快照”，向你展示今天的科学是如何运转的。如果我们退一步，站在历史长河中来考量科学世界，就会出现一个问题，那就是：我们会绕过今天科学世界所面临的混沌状态，转而聚焦在更狭窄的截面。在这些截面中，参与的角色更少，产生的故事也更少；并且，我们看到的案例通常都来自科学家成为一种职业之前的年代。但是，科学生态系统并不总是像现在这个样子，而是在不断地进化（如图 9–3 所示）。虽然我在本书中讨论过的那些指标（比如科研经费、论文发表、对公众注意力的竞争以及科研机构的稳定性等）似乎并未出现明显的转折点，但我多多少少强调了一个事实，那就是：这些指标如今暴露出了一些 20 年前还不明显的危机。为什么近年来，科学生态系统逐渐变成了一张过于拉紧的网？

我相信，这里存在一个关键的全局因素，那就是科学名誉的“通货膨胀”。随着科学家数量的增长，科学名誉的价值下降了。从博弈论的角度看，科学是一项特别公益的事业。这是因为，如果从经济学的角度看，假如你可以挖掘别人的机密信息，那你就能从中赚取利润；但科学家正相反，他们发表论文，向公众开放自己的研究成果，任何人都可以获取。为了回报科学家提供的这种“服务”，社会允诺给予他们很高的名誉。而科学家内部则在此基础之上，根据各自名誉的高低论资排辈，形成了一种啄序排名。

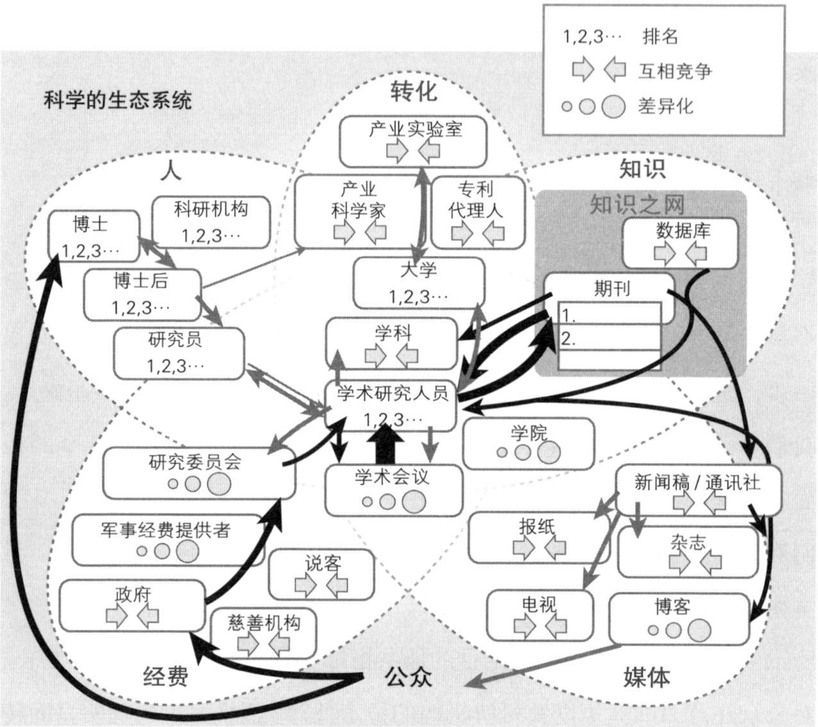

图 9–3　过去 20 年里科学生态系统中最显著的变化（主要增加的部分由较深的文字和箭头来表示）

在过去几十年里，科学名誉在以下几个方面遭到了侵蚀。社会中的个人主义不断增长（主要由美国、澳大利亚和英国带头，但现在亚洲也有抬头的趋势），使得人们更关心经济回报。在大多数国家，科学家在科研事业之外能赚更多钱（通常能多赚很多），但很多科学家依然更喜欢科学生态系统中的智识刺激，于是选择留在科学生态系统之中。社会越来越聚焦在经济回报上，体现在科学家身上，就转变成了对科学名誉的日益强调。与此同时，科学家数量不断增长，加剧了竞争，稀释了名誉在啄序排名中的重要性。在这种压力下，又出现了互联网，让科学家们意识到了更多竞争者的存在，进一步刺激科学家对名誉的追求。

在自然世界中，竞争存在一个临界点。超过这个点，如果群体增长得过大，或者自然资源骤降，所有的啄序、排名、地位都会崩塌，之前稳定的等级制度也会随之消亡。相比之下，在目前的科学界，实施科学研究和累积知识之网两种行为之间的区分，决定了压力将如何消解。通胀降低了名誉的价值，为前者（科学研究）施加了巨大的压力，但对后者（累积知识）而言，那些经过层层筛选、沉淀到人类知识之网上的科学知识一直是相当稳健和牢固的（如图 9–4 所示）。

最近，科学界得到的经费增加了，但投资者也要求科学家提高科研效率，产生更大的影响力。与此同时，科学家争先恐后地想要获得更高的名誉（以 h 因子为评价指标），但科研成果与日俱增，他们阅读论文的时间却越来越少。经过过滤后的知识之网十分稳健，成了社会的一大重要资源，向社会提供高价值的“商品”（也就是那些能够直接产

图 9–4　科学生态系统被划分为两个部分——新研究的创造及其在知识之网上的巩固。前者面临巨大的压力，而后者不太受其压力的影响。前者受到的压力来自名誉价值的通胀，而这种通胀又来自科学家数量和经费的增加，以及科学家之间连接性的提升

生财富的知识）和“服务”。然而，正如我向你展示的那样，目前，科学生态系统内部十分紧张，越来越激烈的竞争鼓励了“鹰派分子”的行为。一些著名科学家认为，过去产生的重要科学成就比今天更多。对于此种观点，我们可能深表怀疑，但的确，科学生态系统和文化的互相纠结影响了全球科学突破产生的速度。竞争和全球化对科学发展来说并不一定总是有益的，因为我们投资了过多大同小异的“花车”项目，错过了路边埋藏的珍宝。并且，我们过多关注那些鹰派科学家的研究。科学生态系统到底还能承受多大的压力，我们并不知道，但毫无疑问，它现在正在经受巨大的压力。在最后一章，我将探讨我们将如何解决这个问题。

第 10 章

改变科学生态系统

一开始，我并未计划写这一章。到目前为止，我已经探讨了科学生态系统目前的状况，什么样的科研成果会通过大众媒体进入你的视线，你如何为科学买单，以及科学家们究竟如何开展科研工作。我的目标是在本书中揭露我所看到的一些科学界的问题，但我并不想给出解决方案，因为任何解决方案都会带来争议，而我不想让这些争议转移人们对问题的注意力。然而，每个读过初稿的人都要求我给出一些建议。他们坚称，我在前些章节的讨论中，已经给出了一些颇有希望的方向。我的下一步应该给出一些建议，要么是一些我认为真正有用的建议，要么是一些在政治上可行的建议；换句话说，在实践和愿景之间做出选择。不过，在正式开始之前，让我们先来想一想，如果科学生态系统保持目前的进化状况，可能会出现什么方向？

一种可能性是，我们可以展开想象，存在一个国际化的科学董事会，他们的任务是给出一个列表，表中是他们想要解决的科研问题。接着，他们会在全球同步播出的真人秀中展开竞争，拼命向公众传递信息，告诉人们应该选择哪些研究，从而获得更多分数，以此来争夺公共经费。这样，为科学提供经费的人（也就是我们所有人）就可以参与科研项目的决策。人们会观看精心制作的视频，阅读科普文章，聆听明星科学家的演讲，了解那些高瞻远瞩的目标。这就好像“欧洲歌唱大赛”与BBC纪录片《行星地球》结合到了一起。在这种全球性的舞台上，来自不同国家的高校和机构之间或许可以形成长期的伙伴关系，这样，他们就能将各自的技能与本地资源结合起来，并轮流领导科研项目。他们可以在当地国家售卖他们刚刚开发出来的新产品，从中获利。这样，他们可以聚焦在真正的科学竞争中。如果这种方式在未来成为现实，那我一定会拿我最爱的科研项目去投标，而不必考虑它是否符合当下的科学潮流。

另一种可能性是，每年，各个科研团队都在翘首盼望当年的“年度科学问题列表”。这张列表会发给所有科研团队，让他们拿出自己的研究计划书来“拍卖”，最后选出性价比最高的计划书。根据问题的不同，科学家之间可能会迅速结成同盟，向当地的经费协调人咨询，寻找要价最便宜的合伙人。接下来，会有评估专家组来选出项目计划书，并由人工智能爬虫在科学知识之网上找出目前人类知识的不足之处、冲突之处、研究机会和难题，为专家组提供建议。最后，科学家的科研成果会被放回知识之网中，用可视化的方式来展示他们对知识的贡献——要么增进知识的细节，要么积聚知识的厚度，要么巩固知识的基础。这种方式能产生很多以问题为导向，而非好奇心推动的科研成果。

到那时候，学术会议主要由期刊出资承办。会议会根据论文下载量和推特实时提交的（经过审核的）问题来进行排名，自动选出演讲嘉宾。如果你提出的问题排名够高，你就能实时对演讲嘉宾的论文进行评论，与其展开公开辩论。这一切都发生在沉浸式的虚拟现实环境中。在会议过程中，你还能在你工作单位的线上会议中心买上一杯咖啡，然后一边喝咖啡，一边同虚拟会议中的同僚们进行交流。想参加会议，必须通过竞争性的申请。在会议过程中，如果你的参与度不够，或者你没听演讲，而是在查收邮件，那你会被立刻“请”出去。科学家会争相参加最有声望的科学活动。

或许，在评估应该为什么样的科研项目提供经费方面，我们应当成立一个新的国际性团体。这个团体应该被“流放”到遥远的地方（比如太平洋上的某座小岛）。它将由成功的科学家组成，每人任职六个月的时间。这很像美国和英国的陪审团制度。如果你过去曾接受过经费，那你就逃不掉这个责任。在这里，你能暂时从忙碌琐碎的日常科研工作中抽身出来，与其他领域的科学家交流，一起探讨相关新兴领域的研究提案，从而形成更好的观点。这些科学“陪审团成员”每人负责少数几个团队，负责挑战和改善他们的科研提案。为了鼓励这些科学家长期投入，人们会支付他们一定金额的补贴，而这些补贴的数额大小由他们最终决定资助的项目在全球市场中的市值来决定。基于这些科研投资的金融工具也能产生科研经费。在任职期间，这些“陪审团成员”也能够重新发现他们最初对科学的挚爱。

科学职业也可以用这种跨国集团的形式来组织。这种集团能起到科学咨询的作用，并向他们资助的项目外派博士后研究员。这为科学家们提供了一个与目前不同的职业道路。在这种情况下，优秀的科学家能以此为理由来要求提高工资，他们的经理也更加愿意为他们提供新领域的培训。如果他们能将多个不同领域的技能结合起来，便能成为跨学科专家。但其中一些人可能十分擅长撰写和雕琢经费申请书，与此同时，另一些人可能拥有好点子，却缺乏足够的项目领导能力。

这些情景为我们提供了另一种看待科学生态系统的方法，这对以市场为基础的竞争性科学文化而言是一个明显的扩充。其中一些情景在我看来十分“反乌托邦”，而其他情景则可能很有效。描绘科学生态系统的地图能帮助我们扩大眼界，让我们了解不同的方式为什么更好或更糟，从而指导我们做决策。这可不是一件小事，因为几百年来，全人类的繁荣昌盛和整体生活水平的改善都依赖于科学的进步。人类对科学的集体投资，决定了“智人”这个种族的未来。

要改变什么呢——大杂烩

如何改变一个系统？这是一个政治问题。但重要的是，我们应当知道我们想向什么方向前进。下面，我列出了 11 条建议，它们都产生于我在本书写作过程中对科学生态系统的探索和思考。我用可视化的方式将这些建议展示在这张科学生态系统的图表中（如图 10–1 所示）。我将这些建议划分为三个部分，分别聚焦于竞争、连接性和职业道路。

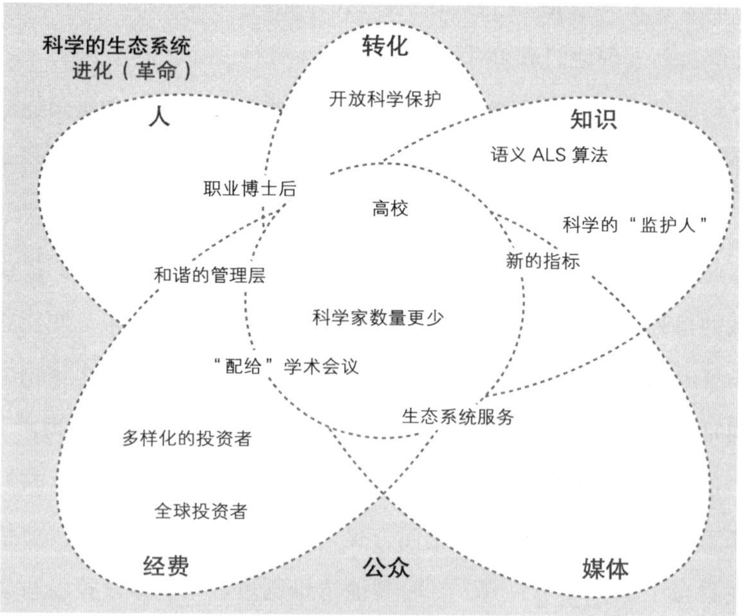

图 10–1　对科学生态系统可能如何进化的建议

如何让竞争变得更有益

人们越来越多地用“竞争”来解释向科学投入资源的理由。除此之外，我们还应该关注人、评价指标、学术会议和经费。

（1）缓解全球学术科学家数量增长带来的影响

正如我之前所探讨的那样，渴求经费的学术科学家越来越多，这加剧了每个层面上的竞争，似乎也降低了这些投资所带来的直接科学成果。欠发达国家在具备科研技能的工人身上发现了很大的潜力，因此，科学家的数量还会继续增长，为当地社会创造出价值。尽管科研经费还会继续增长（我在第 7 章列出了原因），但由于竞争也在持续增长，因此，全球科研成果并不会以同样的速度增长。大多数科学家尚未将此看作一个亟待解决的问题，但是，这个问题已经开始对科学生态系统的许多方面造成威胁。我在前面的章节已经探讨了许多这样的威胁。我希望它们可以帮助我们开启科学探索的黄金时期，但这些问题也可能侵蚀科学生态系统的功能，损害学术精神，青睐哗众取宠的行为，与此同时，将越来越多的经费集中在少数顶尖的精英团队和机构中——这正是竞争性模型会导致的结果。科学并不会消失，但它的健康状况会面临极大的挑战。

目前还没有机制来解决这个问题。对年轻科学家来说，这实在令人头疼，因为这意味着要想进入学术界，他们会面临着更多阻碍。或许，在不同国家的高校之间建立合作伙伴关系能够让科学家在国家之间缓慢地“流动”，从而稳定科学家的整体数量。由于“花车”式科研项目越来越成功，科学界“过于拥挤”的问题会迅速恶化。高度发达的西方国家是否可以，或者是否应该在保持科研经费的同时，降低本国科学家的数量？科学界内部的种族和性别多样性是否会同时改善？这是否有利于改善本书讨论的那些系统性问题，比如整体的僵硬问题？我们是否能找到方法来鼓励科学的多样性，降低“花车效应”，促进长期研究，与此同时，保留竞争性的同行评议制度？

有些人可能认为，市场的力量最终会解决这些问题。但是，正如我在本书中所展示的那样，科学生态系统中的科学家市场并不存在传统市场的那些约束。我们到底需要多少物理学家、生物学家、化学家或其他领域的科学家？对这个问题进行探讨或许可以帮助我们解决这个问题。

（2）开发其他指标来平衡“引用数量”的影响

目前，人们过于关注“引用数量”。这种竞争青睐某一种风格的科研进展和科学家，因此，只有少数在这方面十分擅长的科学家能成功。要想应对我在第 4 章中讨论的“信息过剩”问题，采用评价指标是唯一的方法。因此，我们必须开发出新的指标，来强调科学所需的其他特征：领导力、合作与协作、指导、交流、毅力、分享、简要和严谨。科学家在其社群中的声誉应该更加细化，可以从线上收集，集合“点赞数”、“尊敬”、“致谢”和“认可”。科学家联盟中产生的“科学网络”目前在天文学和粒子物理学中已经十分普遍，我们应当鼓励这种方式，并在更多学科中进行传播。这种联盟对科学家的评价并不仅限于 h 因子，因此需要开发其他指标。

（3）鼓励以非政府的方式来资助和支持科学研究

国际化的过程以及“最优方法”和“花车”科学的扩散降低了多样性，减少了获得经费的科研项目的种类。科学生态系统内部的各个部分互相作用，进一步增强了目前的“模因组”，令这个系统纵横交错但十分稳定，很难改变其前进的方向。

慈善家是近期才登上历史舞台的角色。许多慈善家选择资助的科研项目都拥有宏大的目标，比如说可持续发展、宇宙学、寻找地外智慧生命、消除疟疾等，但他们依然受到“花车”的影响。我们应当鼓励各个方面的多样性，不仅在愿景方面，还应当在选择和开发科研项目方面鼓励多样性。克雷格·文特尔（Craig Venter）曾尝试将人类基因组申请专利（他想在生物医药方面利用人类基因组赚钱），虽然他激起了许多人的愤怒，但也激励了新的科研项目。非政府的方法能褪去传统政府的自满，更容易激发出新的科学思想。

此外，各个科研机构（比如高校）之间的区别在降低。高校在全球范围内面临的竞争越来越激烈，导致它们互相模仿、互相抄袭——而实际上，与众不同的做事方式应当得到奖赏。高校之间不断提升的国际合作会消除多样性。生态理论认为，为了共存于世，不同物种之间的相似度不能超过一定的限度，它们必须在某些根本的方面彼此相异，否则，物种之间就会爆发战争，争夺相同的生态位。同样，科研机构之间最好也能保持一些根本的不同，否则，就会有一些科研机构被其他科研机构取代，从而使科学丧失多样性。

（4）在全球尺度上鼓励向科学提供经费

还有一种科研经费的提供者与这里提出的许多建议都相反，因为它会带来不一致。但它能让人们明白，科学并不只是对某一些特定的国家有利（这是对各国科学竞争的一种误解），还能消除“科学超级大国”的观念。目前，全球只有不到 10% 的人得以参与科研投资，并参与科研项目的决策。我们应当成立一个全球性的经费供应机构，加入目前的科学投资体系中。其中一部分经费来源于联合国针对社会目标的投资。

如何提高连接性？

（5）分配会议参与制

科学家越来越多地出差参加会议，这弊大于利，但科学生态系统鼓励科学家们竞争演讲的机会。开发虚拟会议可能大有裨益，因为这可以增加每个科学家每年可参与的会议数量，从而鼓励他们认真进行选择。如何才能鼓励科学家更加珍惜自己的时间呢？我们可以鼓励学术会议更加真切地关注它们的目标（甚至只是确定目标也很有益！），这将改变传统的会议方式，从外界带来更多影响，鼓励更广泛的交流。在这个利基内进行一些“破坏”是有用的。

最近，我看到了一些积极的趋势：在举办科学会议方面，科研机构和大型慈善团体正在进行不同的尝试，尤其是在跨学科方面。比方说，成立于1660年的英国皇家学会将那些通常不会见面的科学家组织到一起，“秘密”讨论不同的领域可以如何合作，比如神经生物学家和纳米科学家可以一起研究人类大脑的工作原理。这种机构层面上的实验是可能实现的，因为即使失败，也不会产生严重的后果。鼓励人们承担风险、开展和投资科学研究或者发表科学论文也同样吸引人，但正如我们之前谈到的那样。这些事情的风险更大，每一步都要面对激烈的竞争，才能奋力赢取广泛的支持。

（6）开发人工智能来挖掘科学知识之网

科学界是一个信息过剩之地。一种方式是为科学开发基于关键词和发表列表的“语义网”，但这种想法并不是十分可行。目前，新一代的人工知识系统有机会在巨大的科学论文数据库中挖掘出隐藏的秘密。这种方法可以让科学家看到重要的科学问题，让他们得以在庞大的信息之海中航行。这个问题是一个大挑战，但有目前的深度学习技术，这个问题是完全可以解决的，我们应当在接下来的十年里通过合作的方式来解决它。除了一些初步的尝试之外，这方面的研究还少有人关注，进展十分缓慢。它理应成为跨国科研经费优先考虑的项目。

（7）鼓励开放式科学平台

开放式科学平台能让企业更好地获取科学进展和科学专家。我们应当寻找新途径来激励产业界和学术界的合作者向公众分享科研成果，比如，提供新形式的保护或利润来回报这一公益事业。在这方面，人们已经在进行一些尝试，比如，在“开放获取”和“开放数据”中发表论文（见第 4 章中的介绍）。还有一些不太先进的理念，比如“开放工具”，指的是共享建造科学仪器的技术和方法，这通常涉及一些低成本硬件的使用。还有“开放社区”，指的是利用在线科研社区。不过在我的经验里，在线社区的规模通常并不大。乐观地来看，你能看到这些尝试已经初见成效。政府可以鼓励这方面的发展，因为“临界质量”很重要，但慈善机构提供的经费或许能够起到更大的鞭策作用。

（8）找到并支持科学生态系统的服务

在科学生态系统中，有一些理念虽说比较模糊，但却得到了广大民众的认可，比如科学之美、科学的优雅、科学的趣味和科学直觉等。我们是否可以对其进行量化，积极地在科学生态系统中衡量它们的健康状况呢？如果它们被视为生态系统必不可少的一部分，科研机构、期刊、学术会议、政府和公司都会寻找资源来促进它们的发展。我们应当更加努力地寻找和评估，并向社会科学家们寻求帮助。不过，在评估任何自然生态系统服务时，都会遇到很多困难。

如何更好地发展科学职业

（9）为博士后研究员开发咨询公司

科学生态系统应该解决的一个问题是科学家面临的职业不确定性，这一问题正在威胁科学界的性别和种族多样性。我们应该考虑建立一种新形式的科学咨询公司，来保护和支持在高校和企业中工作的博士后研究员。这将使科学家的职业道路更加稳定，鼓励他们接受更多培训，更好地支持他们的经济状况和权利。还有一种可能性，那就是在每所高校内以“特许经销权”的方式来提供这种支持。这是一种开放的商业机会，应该迅速加以利用。

（10）为科学的行政管理建立始终如一的结构

在大多数机构中，科学家都会被分派许多工作，而这些工作常常彼此冲突，不知道哪一个的优先级更高。机构们应当拥有一些清晰的首要目标，并在管理中更加清晰地贯彻这些目标，只有这样才能让机构上下都理解如何更好地做科研。还有一个目标，那就是降低科研的官僚化程度。目前，所有机构的官僚化程度都在上升。讽刺的是，这主要是因为它们越来越多地采用职业化的方法，而这些方法与科研目标是脱节的。要解决这个问题，一个方法是对它们“中世纪式”的财务政策进行升级，将经费更多地视为投资。

（11）投资科学“管理员”

我们应当支持“管理员”式的科学家。这类科学家不仅与前沿领域紧密相连，还能将不同的研究团队、领域、技术和愿景连接起来。让这些科学家不断使用奥卡姆剃刀，简化新潮的名词（“科技废话”），可以抵消一部分“花车”科学带来的负面影响。他们可能需要新的电子平台、新的支持机制和全新的培训路径。

敢问路在何方？

我在对科学生态系统的探索中，发现许多问题很难进行进一步的探讨，因为缺乏足够的数据。我希望我能够激励一些围绕在这个生态系统周围的人去寻找答案。我们需要一个信息更加畅通的“科学之科学”。

贯穿本书，我一直在强调科学的“健康状况”，以及我个人对所有化简式和构造式科学的着迷。然而，我更关心科学的整个系统，因为这个系统组织的方式既有个人的层面，又有机构的层面。从某些方面来看，我似乎对这个支持了我整个职业生涯的系统颇有怨言。更准确地说，我担心人们把这个系统当作理所当然，导致它无法再继续支持新一代富有创造力和生产力的年轻科学家探索世界的旅程，而这些科学家对人类社会的未来极端重要。这个错误始于人们对科学家的误解——人们不知道科学家到底在做些什么，以及他们的动机是什么。同时，这个系统忽略了那些强大的结构性力量。这些力量决定了科学家在做些什么，如何做，以及这些信息如何传到普通人的耳朵里。我相信，本书对此进行了丰富的总结，向人们展示了一个更加微妙的科学世界。

如果没有竞争，科学便是死路一条。但是，一旦存在竞争，科学的面貌便变得扭曲。那么，科学如何才能向前进？我们开展科研的方式当然可以改变，即便我们看不到这将如何发生，以及之后会发生什么。本书所描述的科学系统发展至今，以今天的面目示人，但它也可以变成其他形状。这种变化可能会发生得十分剧烈。比如，年轻人可能会对科学失去兴趣，导致政府不再为科学提供经费。又或者，这种变化会随着吹嘘已久的知识经济缓慢发生。知识经济将解放许多在过去未能获得奖赏的工作（这也强化了某些职业的竞争，比如科学家）。关于这个系统究竟是如何运作的，科学家和公众都缺乏“鸟瞰”视角的全局意识。而这正是我写作本书的初衷。只有从全局出发，我们才能开始思考应当如何改造这个系统。科学生态系统如今交到你的手中了。

见识丛书

科学 历史 思想

01《时间地图：大历史，130亿年前至今》 ［美］大卫·克里斯蒂安
02《太阳底下的新鲜事：20世纪人与环境的全球互动》 ［美］约翰·R.麦克尼尔
03《革命的年代：1789—1848》 ［英］艾瑞克·霍布斯鲍姆
04《资本的年代：1848—1875》 ［英］艾瑞克·霍布斯鲍姆
05《帝国的年代：1875—1914》 ［英］艾瑞克·霍布斯鲍姆
06《极端的年代：1914—1991》 ［英］艾瑞克·霍布斯鲍姆
07《守夜人的钟声：我们时代的危机和出路》 ［美］丽贝卡·D.科斯塔
08《1913，一战前的世界》 ［英］查尔斯·埃默森
09《文明史：人类五千年文明的传承与交流》 ［法］费尔南·布罗代尔
10《基因传：众生之源》（平装+精装） ［美］悉达多·穆克吉
11《一万年的爆发：文明如何加速人类进化》 ［美］格雷戈里·柯克伦 ［美］亨利·哈本丁
12《审问欧洲：二战时期的合作、抵抗与报复》 ［美］伊斯特万·迪克
13《哥伦布大交换：1492年以后的生物影响和文化冲击》 ［美］艾尔弗雷德·W.克罗斯比
14《从黎明到衰落：西方文化生活五百年，1500年至今》（平装+精装） ［美］雅克·巴尔赞
15《瘟疫与人》 ［美］威廉·麦克尼尔
16《西方的兴起：人类共同体史》 ［美］威廉·麦克尼尔
17《奥斯曼帝国的终结：战争、革命以及现代中东的诞生，1908—1923》 ［美］西恩·麦克米金
18《科学的诞生：科学革命新史》（平装） ［美］戴维·伍顿
19《内战：观念中的历史》 ［美］大卫·阿米蒂奇
20《第五次开始》 ［美］罗伯特·L.凯利
21《人类简史：从动物到上帝》（平装+精装） ［以色列］尤瓦尔·赫拉利
22《黑暗大陆：20世纪的欧洲》 ［英］马克·马佐尔
23《现实主义者的乌托邦：如何建构一个理想世界》 ［荷］鲁特格尔·布雷格曼

24《民粹主义大爆炸：经济大衰退如何改变美国和欧洲政治》［美］约翰·朱迪斯
25《自私的基因（40 周年增订版）》（平装＋精装）［英］理查德·道金斯
26《权力与文化：日美战争 1941—1945》［美］入江昭
27《犹太文明：比较视野下的犹太历史》［以］S. N. 艾森斯塔特
28《技术垄断：文化向技术投降》［美］尼尔·波斯曼
29《从丹药到枪炮：世界史上的中国军事格局》［美］欧阳泰
30《起源：万物大历史》［美］大卫·克里斯蒂安
31《为什么不平等至关重要》［美］托马斯·斯坎伦
32《科学的隐忧》［英］杰里米·鲍伯戈
33《简明大历史》［美］大卫·克里斯蒂安［美］威廉·麦克尼尔 主编
34《专家之死：反智主义的盛行及其影响》［美］托马斯·M. 尼科尔斯
35《大历史与人类的未来（修订版）》［荷］弗雷德·斯皮尔
36《人性中的善良天使》［美］斯蒂芬·平克
37《历史性的体制：当下主义与时间经验》［法］弗朗索瓦·阿赫托戈
38《希罗多德的镜子》［法］弗朗索瓦·阿赫托戈
39《出发去希腊》［法］弗朗索瓦·阿赫托戈
40《灯塔工的值班室》［法］弗朗索瓦·阿赫托戈
41《从航海图到世界史：海上道路改变历史》［日］宫崎正胜
42《人类的旅程：基因的奥德赛之旅》［美］斯宾塞·韦尔斯
43《西方的困局：欧洲与美国的当下危机》［德］海因里希·奥古斯特·温克勒
44《没有思想的世界：科技巨头对独立思考的威胁》［美］富兰克林·福尔
45《锥形帐篷的起源：思想如何进化》［英］乔尼·休斯
46《后基因组时代：后基因组时代的伦理、正义和知识》［美］珍妮·瑞尔丹
47《世界环境史》［美］威廉·H. 麦克尼尔［美］约翰·R. 麦克尼尔 等 编著
48《竞逐富强：公元 1000 年以来的技术、军事与社会》［美］威廉·麦克尼尔
49《大加速：1945 年以来人类世的环境史》［美］约翰·R. 麦克尼尔
50《不可思议的旅程：我们的星球与我们自己的大历史》［美］沃尔特·阿尔瓦雷兹

……后续新品，敬请关注……

见识城邦 出品